教育部高职高专规划教材

电　工　技　术

（第二版）

董　力　郑　怡　主编
王艳秋　主审

化学工业出版社
·北京·

本书共分 8 章，内容包括：直流电路，单相交流电路，三相交流电路，暂态过程分析，变压器，交流电动机，继电接触式控制线路，安全用电技术。

本书体现了职业技术教育的特点，注重基础理论的实用性，把握概念，推进认知，淡化公式的推导，降低理论的深度，注重培养学生的技术应用能力和职业素质。书中每章末有小结，并附有思考题与习题，全书中例题丰富，信息量大。附录中根据实际教学的需求增加了实验部分和习题答案。

本书适用于高职高专院校电气、电子、仪表自动化、计算机、机械、机电一体化等专业选作教材，也可用作相关专业的岗位培训，电大、函授用书及工程技术人员参考。

图书在版编目（CIP）数据

电工技术/董力，郑怡主编．—2 版．—北京：化学工业出版社，2012.5（2021.8 重印）
教育部高职高专规划教材
ISBN 978-7-122-14006-7

Ⅰ．电… Ⅱ．①董…②郑… Ⅲ．电工技术-高等职业教育-教材 Ⅳ．TM

中国版本图书馆 CIP 数据核字（2012）第 071841 号

责任编辑：潘新文　　装帧设计：关　飞
责任校对：边　涛

出版发行：化学工业出版社（北京市东城区青年湖南街 13 号　邮政编码 100011）
印　　装：涿州市般润文化传播有限公司
787mm×1092mm　1/16　印张 8½　字数 205 千字　2021 年 8 月北京第 2 版第 7 次印刷

购书咨询：010-64518888　　售后服务：010-64518899
网　　址：http://www.cip.com.cn
凡购买本书，如有缺损质量问题，本社销售中心负责调换。

定　　价：26.00 元

第二版前言

本书按照高等职业教育的特点，结合当前电工技术快速发展的实际，以必须、够用为度，以原理分析为辅。在掌握基本的电技术、电知识的基础上，尽量体现当前生产中新技术的应用，通过实验实训，使学生具备基本的操作技能，具有必需的动手能力。

本书第二版内容保持了第一版结构紧凑、内容简明、脉络清晰的特点，在第一版使用的基础上，广泛听取了多所院校师生的建议及意见，对内容、文字、习题做了一定的修改完善，并根据实际教学需求增加了实验部分和习题答案。

本书由董力、郑怡担任主编，董力编写第 1、3、4、5 章，郑怡编写第 2 章，刘江彩编写第 6、7 章，刘宪春编写第 8 章，孟然平编写实验部分及习题答案。

本书内容已制作成用于多媒体教学的 PowerPoint 课件，并将免费提供给采用本书作为教材的高职高专院校使用。如有需要，可登录化学工业出版社教学资源网 www. cipedu. com. cn.

本书第二版虽进行了改进，但仍会存在疏漏及不妥之处，恳请使用本教材的广大师生和读者提出宝贵意见和建议。

编者

2012 年 3 月

第一版前言

为了适应社会经济和科学技术迅速发展及教育教学改革的需要，全国化工高职电仪类专业教学指导委员会组织有关院校经过广泛深入的调查研究和讨论，制定了高职高专电仪类专业新一轮的教材建设规划。新的规划教材根据“以市场需求为导向，以职业能力为本位，以培养应用型高技能人才为中心”的原则，注重以先进的科学发展观调整和组织教学内容，增强认知结构与能力结构的有机结合，强调培养对象对职业岗位（群）的适应程度，对电仪类专业教材的整体优化力图有所突破，有所创新。

本书是根据全国化工高职电仪类专业教学指导委员会 2004 年石家庄会议制定的教学计划和北京会议制定的《电工技术》教材编写大纲而编写的。

本书立足高职高专教育人才培养目标，注意精选内容，以必需、够用为度。内容上分电工基础和电机与电器两部分。电工基础主要包括直流电路、单相交流电路、三相交流电路、暂态过程分析，主要讲述基本概念、基本规律、基本分析方法和实际应用知识。电机与电器主要介绍变压器、电动机、低压电器的基本结构、功能和应用以及典型的继电器接触控制电路。

本书的内容尽量做到结构紧凑、内容简明、脉络清晰。在每章末有小结、习题。既便于教师讲授，又起到了对学生引导、总结、提高和自我检查的目的。

本书内容已制作成用于多媒体教学的 PowerPoint 课件，并将免费提供给采用本书作为教材的高职高专院校使用。如有需要，可登录化学工业出版社教学资源网：www.cipedu.com.cn.

参加本书编写的人员都是在各高职高专院校从事电工技术教学和研究的一线教学人员，由董力、郑怡担任主编。董力编写第 1、3、4、5 章，郑怡编写第 2 章，刘江彩编写第 6、7 章，刘宪春编写第 8 章。

本书由辽宁工学院王艳秋教授主审。在审阅的过程中提出了许多具体的、宝贵的意见，谨在此表示衷心的感谢!

限于编者水平，书中的缺点和错误在所难免，恳请广大读者批评指正。

编者

2005 年 4 月

目　录

1　直流电路 …… 1

1.1　电路及其组成 …… 1

1.2　电路中的物理量及参考方向 …… 1

1.3　电路中电位的计算 …… 2

1.4　基尔霍夫定律 …… 3

1.5　复杂电路的基本分析方法 …… 5

1.6　电气设备的额定值及电路的工作状态 …… 12

小结 …… 13

思考题与习题 …… 14

2　单相交流电路 …… 17

2.1　正弦交流电的基本概念 …… 17

2.2　正弦交流电的表示法（相量图表示、相量复数表示） …… 19

2.3　单一参数的交流电路 …… 21

2.4　电阻、电感、电容元件串联的交流电路 …… 27

2.5　功率因数的提高 …… 30

2.6　正弦交流电路中的谐振 …… 32

2.7　非正弦交流电路的概念 …… 34

小结 …… 35

思考题与习题 …… 36

3　三相交流电路 …… 40

3.1　三相交流电源 …… 40

3.2　三相负载的连接 …… 41

3.3　三相电路的功率 …… 45

小结 …… 46

思考题与习题 …… 46

4　暂态过程分析 …… 48

4.1　初始值的确定 …… 48

4.2　一阶电路的三要素 …… 50

小结 …… 52

思考题与习题 …… 53

5　变压器 …… 56

5.1　磁路的基本概念 …… 56

5.2　交流铁芯线圈电路 …… 58

5.3　变压器 …… 59

5.4　几种常用的变压器 …… 62

小结 …… 66

思考题与习题 …… 66
6 交流电动机 …… 68
6.1 三相异步电动机的基本结构和铭牌 …… 68
6.2 三相异步电动机的工作原理 …… 71
6.3 三相异步电动机的运行分析 …… 74
6.4 三相异步电动机的启动、调速、制动 …… 76
6.5 单相异步电动机 …… 79
小结 …… 81
思考题与习题 …… 82
7 继电接触式控制线路 …… 84
7.1 常用低压电器 …… 84
7.2 三相异步电动机基本控制电路 …… 92
小结 …… 96
思考题与习题 …… 97
8 安全用电技术 …… 99
8.1 电流对人体的伤害 …… 99
8.2 常见的触电方式 …… 99
8.3 防止触电的保护措施 …… 101
8.4 安全用电及触电急救常识 …… 103
8.5 电气防火和防爆 …… 105
小结 …… 106
思考题与习题 …… 107
附录1 实验部分 …… 108
实验一 万用表的使用 …… 108
实验二 基尔霍夫定律及叠加原理的验证 …… 111
实验三 荧光灯电路的连接及功率因数的提高 …… 113
实验四 三相负载的星形连接 …… 115
实验五 三相负载的三角形连接 …… 117
实验六 三相异步电动机的简单测试及直接启动电路 …… 118
实验七 三相异步电动机的基本控制电路 …… 120
附录2 部分习题答案 …… 123
参考文献 …… 128

1 直流电路

电路的基本概念及基本定律是分析电路的重要基础。本章在了解电路的基本概念以及电流、电压、电动势基本物理量的实际方向及参考方向的基础上，重点讨论复杂线性电路的几种基本分析计算方法，为今后的学习打下必要的基础。

1.1 电路及其组成

将某些电器设备或元件用一定方式组合起来的电流通路称为电路。电路由电源、负载和中间环节三部分组成。

图 1-1 是手电筒电路的示意图，它是一个最简单的电路，由干电池、灯泡、开关三部分组成。

电源可将非电能转换成电能向电路提供能量。例如干电池将化学能转化成电能。

负载是用电设备，它吸收电能转换成其他形式的能量。例如灯泡吸收电能转换成光能。

中间环节是指将电源与负载连接成闭合电路的导线、开关设备、保护设备等。

任何实际电路是由多种电气元件组成的，各元件的外形和作用千差万别，为了便于对实际电路进行分析和计算，通常是将实际电气元件用能够反映其主要特征的理想元件来代替。用理想元件符号等效实际元件所画出的电路图为电路模型。如图 1-1（b）所示即为手电筒的电路模型。

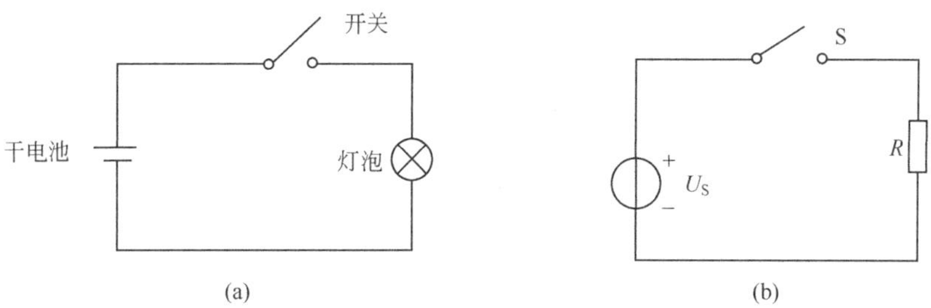

图 1-1 手电筒电路示意图

1.2 电路中的物理量及参考方向

图 1-2 电路模型中标出了电流 I、电压 U、电动势 E 的实际方向。

电流 I 的实际方向在图中用箭头表示。外电路中电流的方向是从电源“+”极流出，流入电源“−”极。流经负载电阻 R 时，负载两端极性如图 1-2 所示。电源内部电流的方向是从电源的“−”极流向电源的“+”极。

电压 U 的实际方向是电位降低的方向。即从“+”到“−”。

电动势 E 的实际方向是电位升高的方向。即从“−”到“+”。

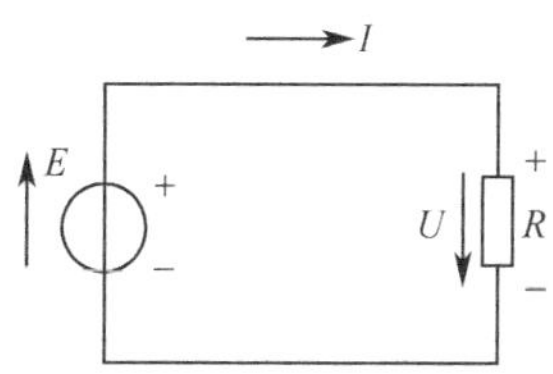

图 1-2 电路模型

电路图中任意设定的电量方向为参考方向。按参考方向求解后若参考方向对应的数值为负，说明参考方向与实际方向相反，反之参考方向即为实际方向。

【例 1-1】 图 1-3 中各方框表示闭合电路中的某一电气设备，图中标出的极性和方向都是实际极性和实际方向，试判断哪些是电源？哪些是负载？

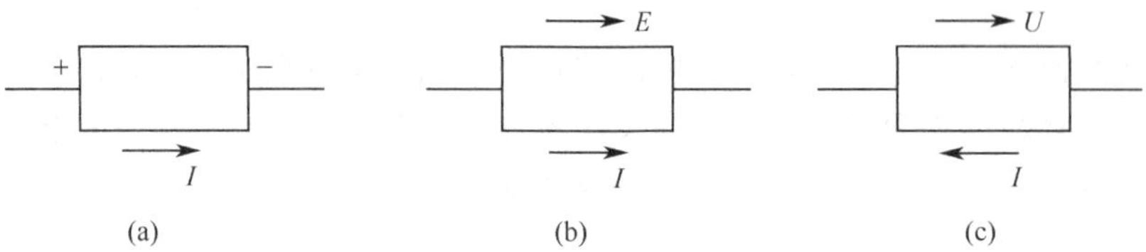

图 1-3 例 1-1 图

解 图 1-3(a) 中，电流方向为从“＋”到“－”，方框内为负载。

图 1-3 (b) 中，由 E 的方向可知电气设备两端极性左“－”，右“＋”，电流是从“－”到“＋”，方框内为电源。

图 1-3 (c) 中，由 U 的方向可知电气设备两端的极性右“－”，左“＋”，电流是从“－”到“＋”，方框内为电源。

1.3 电路中电位的计算

电路中某点与参考点之间的电压即为该点的电位。参考点的电位为零。

电路中任意一点电位的计算方法：从参考点出发沿任选一条路径“走”到被测点，在“走”的路径中，遇到电位升高取正值，遇到电位降低取负值，累计其代数和即为被测点的电位值。

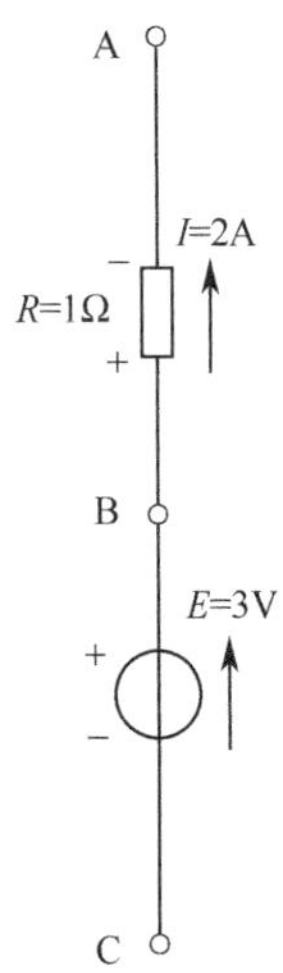

图 1-4 例 1-2 图

【例 1-2】 某一完整电路中的一部分如图 1-4 所示。分别以 A、B、C 为参考点，计算各点的电位。

解 如图 1-4 所示，若以 A 为参考点，首先根据给定的 I 和 E 的参考方向标出电路中各元件两端的极性，按照电位的计算方法有

$$U_A=0V$$
$$U_B=IR=2\times1=2V$$
$$U_C=U_B-E=2-3=-1V$$

若以 B 为参考点

$$U_B=0V$$
$$U_A=-IR=-2\times1=-2V$$
$$U_C=-E=-3V$$

若以 C 为参考点

$$U_C=0V$$
$$U_B=E=3V$$
$$U_A=E-IR=3-2\times1=1V$$

从例 1-2 可看出，电路中各点的电位随参考点的变化而变化，但任意两点之间的电位差值不变。在例 1-2 中，以 A、B、C 三点中任意一点为参考点，均有 $U_{AB}=-2V$，$U_{BC}=3V$，

$U_{CA}=-1V$。

【例 1-3】 在图 1-5 中，若电流已知，请写出 A、B、C 三点电位的表达式。

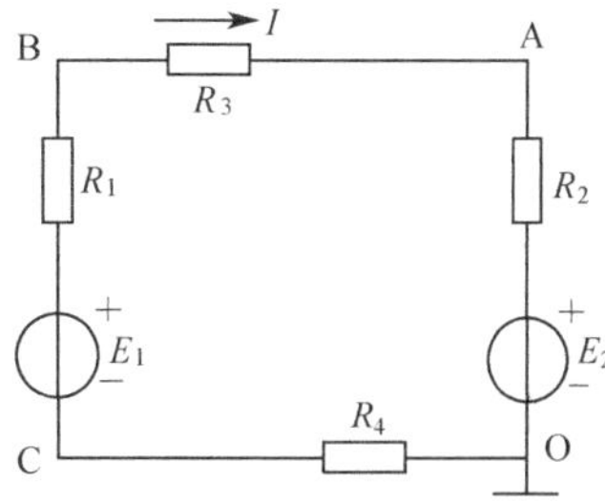

图 1-5 例 1-3 图

解 由电流 I 的参考方向标出各电阻元件两端的极性。

首先取逆时针方向从参考点“走”到被测点，各点电位为

$$U_A=E_2+IR_2$$

$$U_B=U_A+IR_3=E_2+IR_2+IR_3$$

$$U_C=U_B+IR_1-E_1=E_2+IR_2+IR_3+IR_1-E_1$$

若取顺时针方向从参考点“走”到被测点，各点电位为

$$U_C=-IR_4$$

$$U_B=U_C+E_1-IR_1=-IR_4+E_1-IR_1$$

$$U_A=U_B-IR_3=-IR_4+E_1-IR_1-IR_3$$

从例 1-3 中可以看到，从参考点到被测点会有 n 条不同的路径，一般计算时取最简单的路径。尽管表达式不同，但取不同路径计算结果是唯一的。

1.4 基尔霍夫定律

如图 1-6 电路，若已知 E_1、E_2、R_1、R_2、R_3，求解电路中电流分布。这类问题运用欧姆定律和电阻串并联公式已不能得出结果。这样的电路称复杂电路。求解复杂电路的基本定律为基尔霍夫定律。以下介绍几个基本概念。

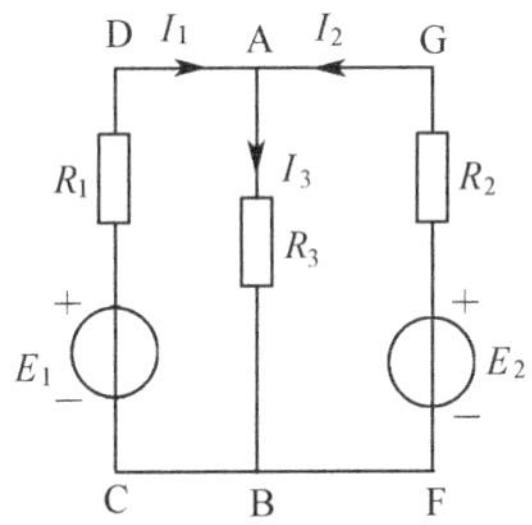

图 1-6 复杂电路

① 支路 电路中任意一段无分支的路径称为支路。图 1-6 中有 AB、ADCB、AGFB 三条支路。

② 节点 电路中三条或三条以上支路的交点称为节点。如图 1-6 中有 A、B 两个节点。

③ 回路 电路中任意一个闭合路径称为回路。如图 1-6 中有 ADCBA、AGFBA、DAGFBCD 三个回路。

④ 网孔 内部不含有其他支路的回路称为网孔。如图 1-6 中有 ADCBA、AGFBA 两个网孔。

1.4.1 基尔霍夫电流定律（KCL）

电流连续性原理阐明 电路中任一点（包括节点）上任何瞬间都不会发生电荷堆积或减少现象。KCL 是电流连续性原理的体现。

KCL 研究对象 节点上电流。

KCL 内容 任一瞬间，流入一个节点的电流总和等于从该节点流出的电流总和。

KCL 数学表达式 $\sum I_{入}=\sum I_{出}$，或 $\sum I=0$。

如图 1-6 中，A、B 两节点电流方程是相同的。两个方程只能取一个为独立方程。可以证明，当电路有 n 个节点时可列出 $n-1$ 个独立电流方程。或者说包含新支路的节点所列方程为独立方程。

在图 1-7 电路中，若将闭合路径 ABC 作为一个封闭面，则称为广义节点根据 KCL 有

$$I_A+I_B+I_C=0$$

若对电路中A、B、C三个节点应用KCL，则有

$$I_A=I_1-I_3$$

$$I_B=I_2-I_1$$

$$I_C=I_3-I_2$$

将以上三式相加得 $I_A+I_B+I_C=0$，可见，广义节点概念是KCL推广的应用。

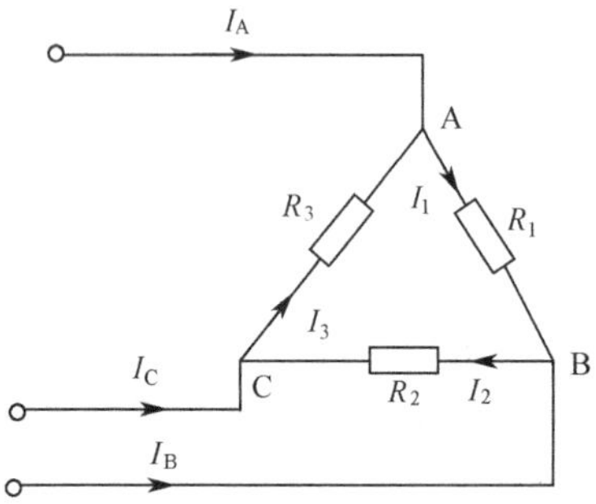

图1-7　广义节点

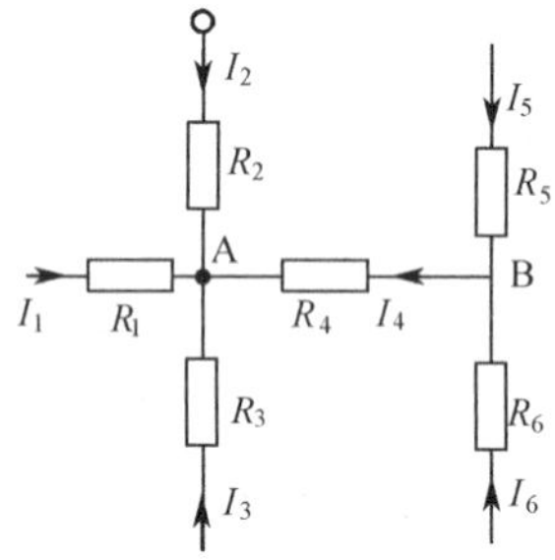

图1-8　例1-4图

【例1-4】 如图1-8所示电路中，$I_1=3A$，$I_2=1A$，$I_5=-5A$，$I_6=-4A$，求 R_3、R_4 上电流。

解　首先设定 R_3、R_4 上电流 I_3、I_4 的参考方向如图1-8所示，列出节点A、B的KCL方程为

$$I_1+I_2+I_3+I_4=0$$

$$I_5+I_6-I_4=0$$

代入数据解得

$$3+1+I_3+I_4=0 \qquad I_3=5A$$

$$-5-4-I_4=0 \qquad I_4=-9A$$

由例1-4可看到，在应用KCL列节点电流方程式时，要按图中所标注的电流参考方向列出方程式。若解出的结果为正值，说明电流的参考方向与实际方向相同；若解出的结果为负值，说明电流的参考方向与实际方向相反。

1.4.2　基尔霍夫电压定律（KVL）

基尔霍夫电压定律是确定电路中回路内电压之间关系的一个定律。

KVL研究对象：回路内电压。

KVL内容：任一时刻，电路中任一回路内各段电压的代数和等于零。

KVL数字表达式：$\sum U=0$。

在应用KVL列方程式之前，应先确定所选回路的绕行方向，沿绕行方向绕行一周遇到电位升高取正值，遇到电位降低取负值，取其代数和等于零。

在图1-6中，取回路CDABC、BAGFB、CDAGFBC均沿顺时针方向绕行一圈，根据KVL列方程如下。

回路CDABC

$$E_1-I_1R_1-I_3R_3=0$$

回路BAGFB

$$I_3R_3+I_2R_2-E_2=0$$

回路 CDAGFBC

$$E_1-I_1R_1+I_2R_2-E_2=0$$

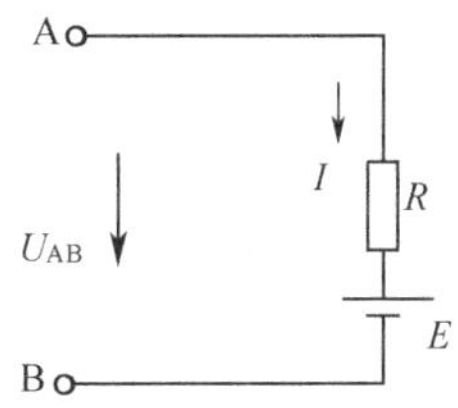

图 1-9 开口电路

以上三个 KVL 方程任意组合两个方程可得出第三个方程，所以只有两个方程是独立方程。一般在平面电路中 N 个网孔可列出 N 个独立的电压方程。

KVL 定律还可以推广到如图 1-9 所示的开口电路。同样按顺时针或逆时针方向绕行一圈，电位升高取正，电位降低取负，代数和为零。根据 KVL 有

$$U_{AB}-IR-E=0$$

【例 1-5】 在图 1-6 电路中已知 $R_1=3\Omega$，$E_1=24\text{V}$，$R_2=6\Omega$，$E_2=12\text{V}$，$R_3=6\Omega$，求各支路电流。

解 ① 在图中设出各支路电流 I_1、I_2、I_3 的参考方向。

② 根据 KCL、KVL 列出独立方程，即

$$I_1+I_2-I_3=0$$
$$E_1-I_1R_1-I_3R_3=0$$
$$I_3R_3+I_2R_2-E_2=0$$

代入数据

$$I_1+I_2-I_3=0$$
$$24-3I_1-6I_3=0$$
$$6I_3+6I_2-12=0$$

解得

$$I_1=3\text{A}$$
$$I_2=-0.5\text{A}$$
$$I_3=2.5\text{A}$$

③ I_1、I_3 数值为正，说明参考方向与实际方向相同。I_2 数值为负，说明参考方向与实际方向相反。

1.5 复杂电路的基本分析方法

1.5.1 支路电流法

支路电流法是以支路电流为未知量，根据 KCL、KVL 列出方程式，从而求出各支路电流的方法。解题步骤和方法如例 1-5。

1.5.2 电压源和电流源的等效变换

实际使用的电源可以等效为电压源和电流源两种形式。图 1-10(a) 表示一个电压源模型，E_0 是一个理想电压源（内阻 r_0 为零的电压源称为理想电压源）。图 1-10(b) 为一个电流源模型，I_S 是一个理想电流源（内阻 r_S 为无穷大的电流源为理想电流源，其输出电流为恒定电流）。

常用的供电电源如发电机、蓄电池等均用电压源模型表示，如图 1-10(a)；光电池和一些电子器件中有恒流输出，一般用电流源模型表示，如图 1-10(b)。两种电源模型是可以相互等效变换的。

在图 1-10 中，若两种电源模型对相同负载电阻 R 作用相同时，即负载电阻 R 上有相同

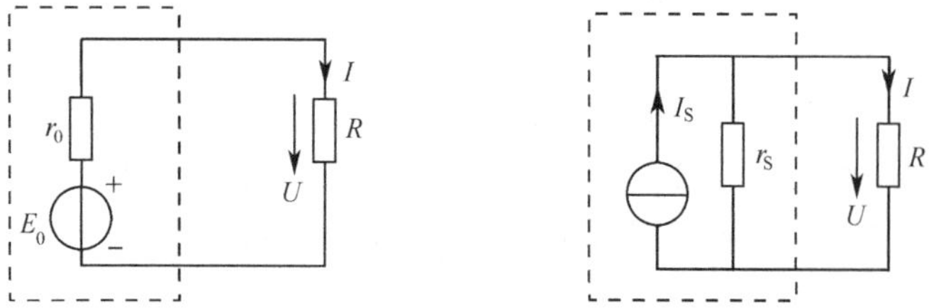

(a) 电压源模型 (b) 电流源模型

图 1-10 电压源和电流源电路模型

的电压 U 和电流 I，则两种电源是可以相互等效变换的。

对电压源模型有

$$E_0=r_0I+U \tag{1-1}$$

对电流源模型有

$$I_S=I+\frac{U}{r_S}$$

上式变换为

$$I_Sr_S=r_SI+U \tag{1-2}$$

对比式(1-1)、式（1-2）得出

$$\left.\begin{aligned}E_0&=r_0I_S\\r_0&=r_S\end{aligned}\right\} \tag{1-3}$$

式(1-3) 为电压源和电流源的等效变换式。

【例 1-6】 作出如图 1-11 所示各电路的等效电源图。

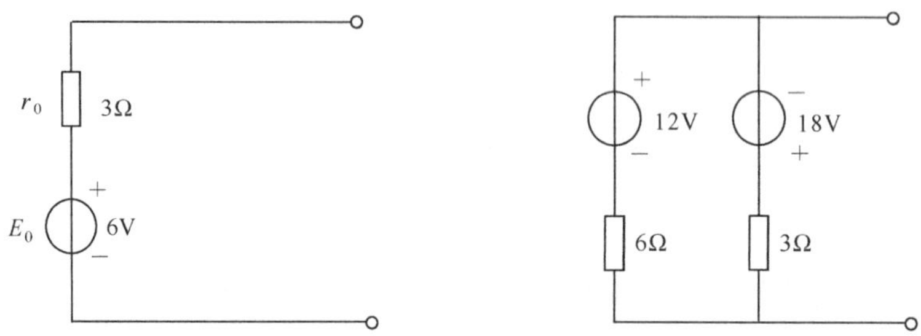

(a) (b)

图 1-11 例 1-6 图

解 ① 图 1-11(a) 中为电压源，将其变成电流源。作图 1-12，即

$$I_s=\frac{E_0}{r}=\frac{6}{3}=2\text{A}，r_S=3\Omega$$

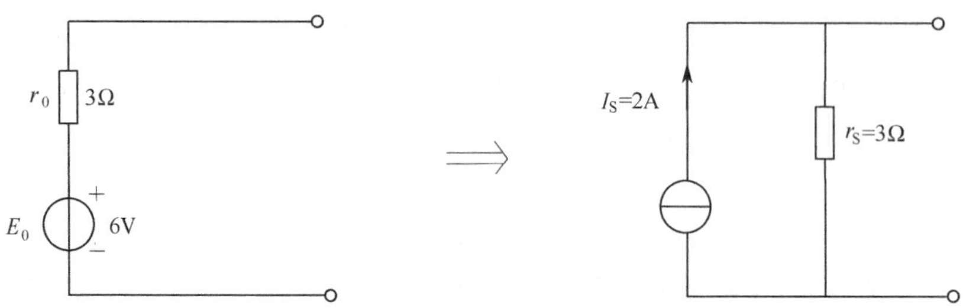

图 1-12 图 1-11(a) 题解图

② 先将图 1-11(b) 中两个电压源变换成两个电流源，然后再将两个电流源合并为一个电流源，再将这个电流源变换成一个电压源。注意变换过程中电流源电流方向及电压源电压的极性。作图 1-13，即

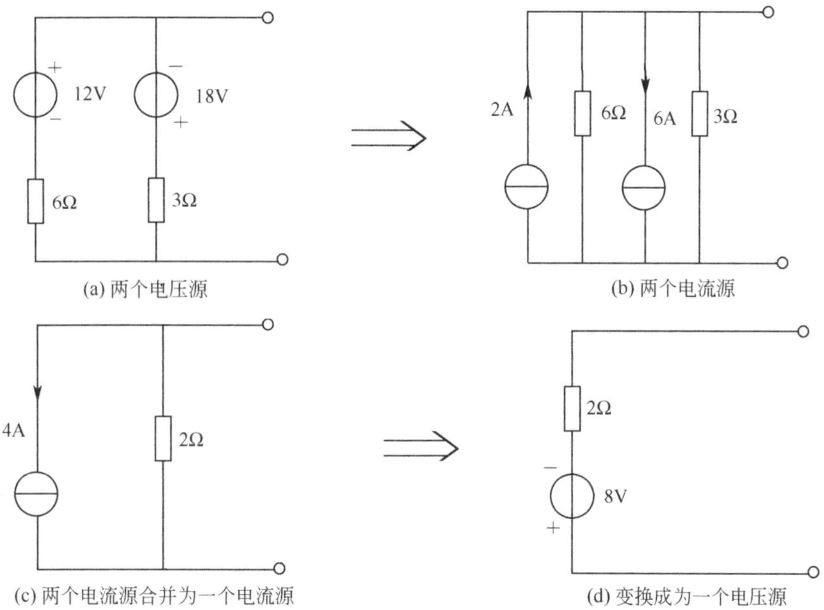

图 1-13 图 1-11(b) 题解图

【例 1-7】 在图 1-13 中若在电源输出端加入一个 $R=6\Omega$ 的电阻如图 1-14。用电压源电流源等效互换的方法求 R 上通过的电流 I。

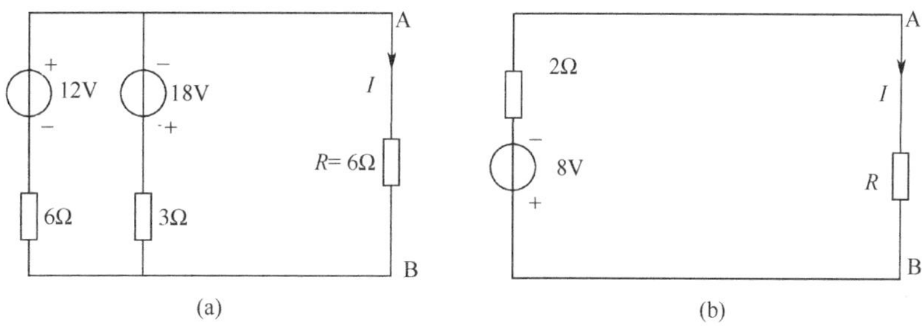

图 1-14 例 1-7 图

解 将图 1-14(a) 中 A、B 左边进行电源的等效变换如图 1-14(b)。

R 上的电流为

$$I=-\frac{8}{2+6}=-1\text{A}$$

由上例题可看出，求解复杂电路中某一支路电流时用电压源、电流源等效互换方法较为简单。

1.5.3 叠加原理

叠加原理是线性电路中的一条重要原理。叠加原理的内容是：在线性电路中，任一支路的电流或电压等于由各个电源单独作用时在该支路所产生电流或电压的代数和。

通过例题 1-8 说明应用叠加原理的分析方法。

【例 1-8】 用叠加原理求图 1-15(a) 中的电流 I_1、I_2。

解 ① 首先将原电路分解成各个电源单独作用时的电路叠加。图 1-15(b) 为电压源 E 单独作用时的电路。此时不考虑恒流源的作用，恒流源 I_S 为零值，该支路应作开路处理。

图 1-15(c) 为恒流源单独作用时的电路。此时不考虑恒压源的作用，恒压源 E 为零值应作短路处理。图 1-15(a) 电路是图 1-15(b) 和图 1-15(c) 的叠加。

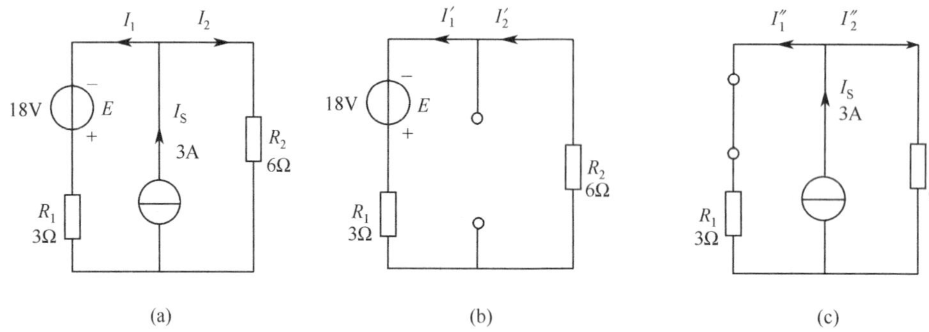

图 1-15 例 1-8 图

② 按各电源单独作用时的电路图分别求出各支路的电流。

图 1-15(b) 电压源单独作用时

$$I_1'=I_2'=\frac{E}{R_1+R_2}=\frac{18}{3+6}=2\text{A}$$

图 1-15(c) 恒流源单独作用时

$$I_1''=2\text{A}，\ I_2''=1\text{A}$$

③ 应用叠加原理求出 I_1、I_2

$$I_1=I_1'+I_1''=2+2=4\text{A}\quad（I_1'、I_1''与 I_1 参考方向相同）$$

$$I_2=-I_2'+I_2''=-2+1=-1\text{A}\quad（I_2'与 I_2 参考方向相反）$$

由上例可以看出，叠加原理把复杂电路化为多个简单电路求解，最后进行叠加。叠加原理适用于计算电流、电压，但不能用于计算功率，因为功率是电流（或电压）的二次函数，是非线性。

1.5.4 节点电位法

节点电位法是以电路中的节点电压为未知量列方程求解的电路分析方法，这种方法用在多支路少节点的电路中计算支路电流时非常简便。尤其对多支路两节点电路的计算尤为简便。

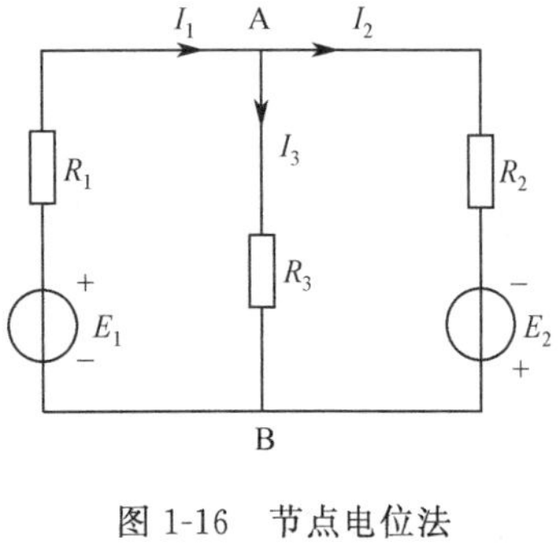

图 1-16 节点电位法

下面以图 1-16 两节点电路为例，介绍节点电位法的分析方法。

电路有 A、B 两个节点，选 B 参考点。即 $U_B=0$，根据图中各支路电流的参考方向写出从三条支路计算 U_A 的表达式

$$\left.\begin{aligned}U_A&=E_1-I_1R_1\\U_A&=I_3R_3\\U_A&=-E_2+I_2R_2\end{aligned}\right\}\qquad(1\text{-}4)$$

分别写出由 U_A 表示的各支路电流的表达式

$$\left.\begin{aligned} I_1 &= \frac{E_1 - U_A}{R_1} \\ I_3 &= \frac{U_A}{R_3} \\ I_2 &= \frac{U_A + E_2}{R_2} \end{aligned}\right\} \tag{1-5}$$

根据 KCL 有

$$I_1 - I_2 - I_3 = 0 \tag{1-6}$$

将式(1-5) 代入(1-6) 中得

$$\frac{E_1 - U_A}{R_1} - \frac{U_A + E_2}{R_2} - \frac{U_A}{R_3} = 0$$

整理得

$$U_A = \frac{\dfrac{E_1}{R_1} - \dfrac{E_2}{R_2}}{\dfrac{1}{R_1} + \dfrac{1}{R_2} + \dfrac{1}{R_3}} \tag{1-7}$$

式中分母为两节点之间各支路的恒压源为零后的电阻的倒数和。分子为各支路恒压源与本支路电阻相除后的代数和。当恒压源两端极性与节点电压的参考极性一致时取正号，极性相反时取负号（图 1-16 中 E_1 与 U_{AB} 一致时取正号；E_2 与 U_{AB} 相反时取负号）。公式（1-7）也可表示为

$$U_A = \frac{\sum \dfrac{E}{R}}{\sum \dfrac{1}{R}} \tag{1-8}$$

【例 1-9】 用节点电位法求例 1-5 题。

解　根据式(1-8) 可求出节点 A 的电位值

$$U_A = \frac{\dfrac{E_1}{R_1} + \dfrac{E_2}{R_2}}{\dfrac{1}{R_1} + \dfrac{1}{R_2} + \dfrac{1}{R_3}} = \frac{\dfrac{24}{3} + \dfrac{12}{6}}{\dfrac{1}{3} + \dfrac{1}{6} + \dfrac{1}{6}} = 15\text{V}$$

$$I_1 = \frac{E_1 - U_A}{R_1} = \frac{24 - 15}{3} = 3\text{A}$$

$$I_2 = \frac{E_2 - U_A}{R_2} = \frac{12 - 15}{6} = -0.5\text{A}$$

$$I_3 = \frac{U_A}{R_3} = \frac{15}{6} = 2.5\text{A}$$

【例 1-10】 用节点电位法求图 1-17 电路中各支路的电流。

已知：$E_1 = 9\text{V}$，$R_1 = 3\Omega$，$I_S = 5\text{A}$，$R_4 = 10\Omega$，$R_3 = 6\Omega$，$R_2 = 6\Omega$，$E_2 = 12\text{V}$。

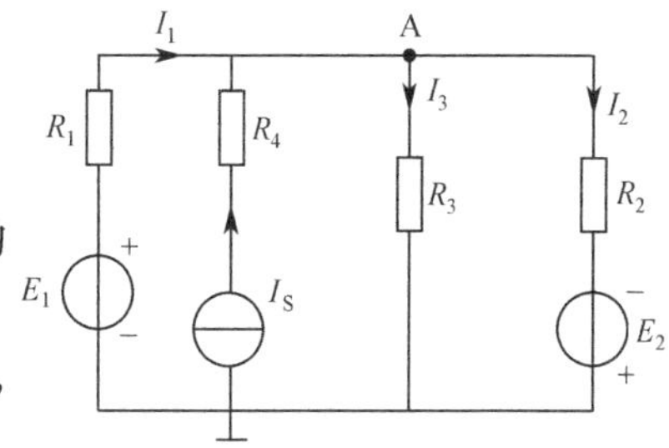

图 1-17　例 1-10 图

解　设各支路电流 I_1、I_2、I_3 如图 1-17 所示。

根据 KCL 有

$$I_1+I_S-I_2-I_3=0$$

用电位 U_A 取代各电流代入上式得

$$\frac{E_1-U_A}{R_1}+I_S-\frac{U_A}{R_3}-\frac{U_A+E_2}{R_2}=0$$

整理得

$$U_A=\frac{\frac{E_1}{R_1}-\frac{E_2}{R_2}+I_S}{\frac{1}{R_1}+\frac{1}{R_2}+\frac{1}{R_3}}=\frac{\frac{9}{3}-\frac{12}{6}+5}{\frac{1}{3}+\frac{1}{6}+\frac{1}{6}}=9\text{V}$$

所以

$$I_1=\frac{E_1-U_A}{R_1}=\frac{9-9}{3}=0\text{A}$$

$$I_2=\frac{U_A+E_2}{R_2}=\frac{9+12}{6}=3.5\text{A}$$

$$I_3=\frac{U_A}{R_3}=\frac{9}{6}=1.5\text{A}$$

对节点 A 而言，$\Sigma I=0$。结果正确。

在应用节点电位法分析计算时应注意以下两点。

① 若两节点之间有恒流源支路（或恒流源与一电阻元件串联）时，则两节点的节点电压公式的一般形成为

$$U=\frac{\Sigma\frac{U_S}{R}+\Sigma I_S}{\Sigma\frac{1}{R}} \tag{1-9}$$

式中分子中增加了恒流源的代数和。当恒流源流向节点时取正号；背离节点时取负号。分母中不含与恒流源串联的电阻。

② 若两节点之间有一条路径为恒压源时，由于恒压源的一端作为参考点，则另一节点的电位就是恒压源的恒压值。

1.5.5 等效电源定理

求解复杂电路中某一条支路的电流时，应用等效电源定理求解非常简便。其方法是将待求支路从电路中取出，其余电路称有源两端网络。该有源两端网络可以用一个等效电压源取代。这种复杂电路最终就化为了一个简单电路。如图 1-18 所示。

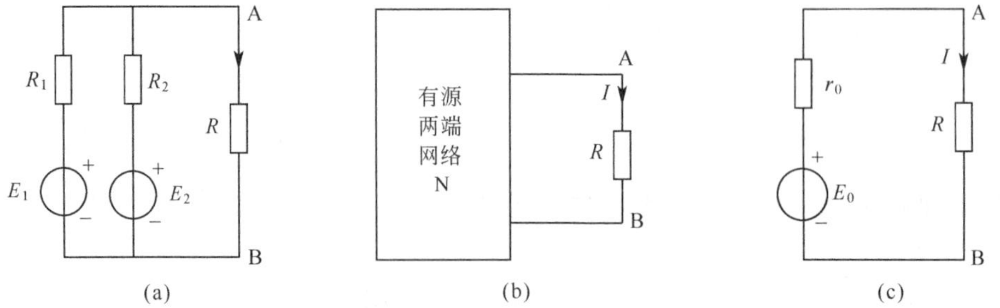

图 1-18 有源两端网络

等效电源定理：任何一个线性有源两端网络可以用一个电压源来等效代替。等效电压源的电动势 E_0 等于有源两端网络的开路电压 U_{AB}（断开 A、B 之间电阻 R 后，AB 之间的电压 $U_{AB}=E_0$），如图 1-19(a)；等效电压源的内阻 r_0 等于有源两端网络去掉原电源后保留电源内阻（恒压源短路，恒流源开路）所求得的无源两端网络的等效电阻，如图 1-19(b) 所示。

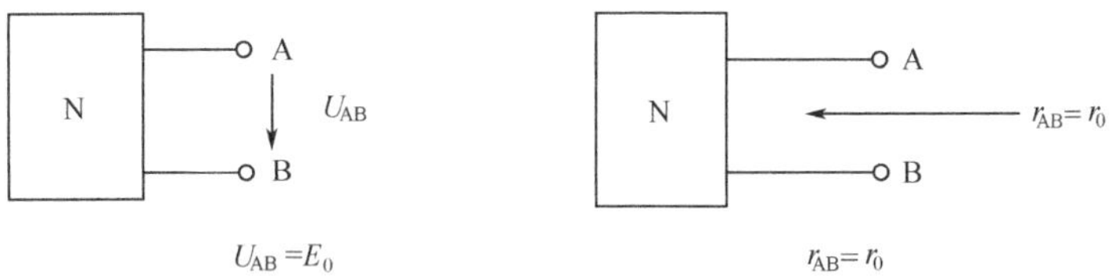

(a) 等效电压源电动势　　(b) 等效电流源电动势

图 1-19　等效电源定理

【例 1-11】 在图 1-18 电路中，将待求支路 R 取出，剩余电路为有源两端网络，如图1-20(a)。

解　其有源两端网络内的电流为

$$I_X=\frac{E_1-E_2}{R_1+R_2}$$

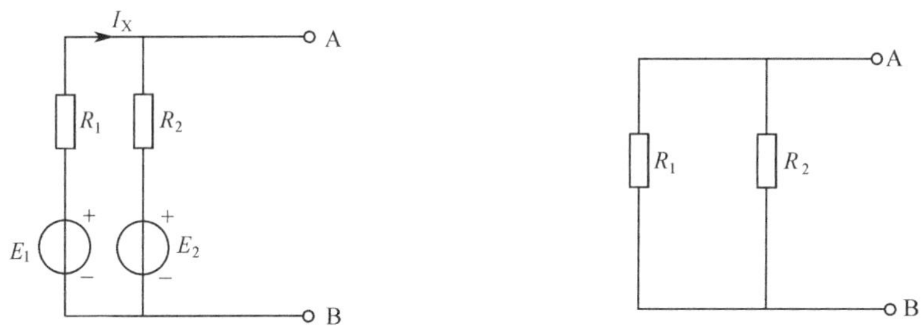

(a)　　(b)

图 1-20　例 1-11 图

等效电源的电动势如图 1-20(a) 所示，即开路电压

$$U_{AB}=E_2+I_XR_2 \text{ 或 } U_{AB}=E_1-I_XR_1$$

如图 1-20(b) 所示，等效电源的内阻 r_0 为

$$r_0=\frac{R_1R_2}{R_1+R_2}$$

如图 1-18 (c) 所示，负载上的电流为

$$I=\frac{E_0}{r_0+R}$$

求等效电压源的 E_0 和 r_0 还可以应用实验法。实验电路如图 1-21 所示。

开关 S 断开时电压表读数为 U_1；开关 S 闭合时电压表读数为 U_2。

即等效电源的电动势　　$E_0=U_1$

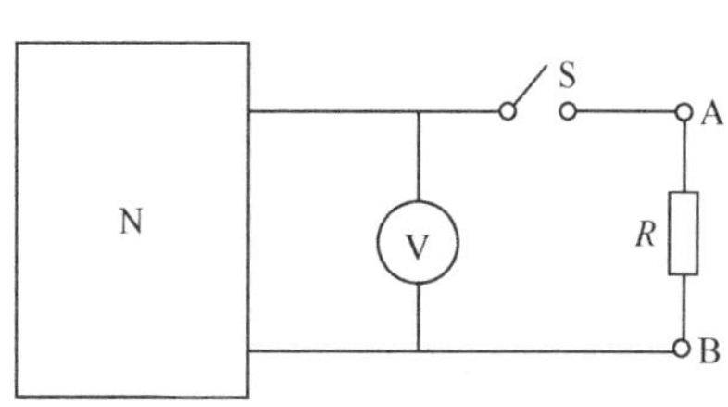

图 1-21　等效电源定理实验

电源内阻 $$r_0=\left(\frac{U_1}{U_2}-1\right)R$$

1.6 电气设备的额定值及电路的工作状态

1.6.1 电气设备的额定值

电气设备的额定值包括额定功率 P_N、额定电压 U_N、额定电流 I_N、额定温度等各项性能指标和技术数据，是由制造厂家根据设计、材料及制造工艺等因素提供的设备正常运行的上限值。按额定值使用电气设备最安全可靠，经济合理。额定值常常标在设备的铭牌上或写在说明书中。

例如标有 220V、40W 的白炽灯若接入 380V 电压，灯会很快烧坏；标有 220V、100W 的白炽灯若接在低于 220V 电压下使用则不能充分发挥其效果。

【例 1-12】 标有 220V、300W 和 220V、1000W 的两个电阻炉，并连接入 220V 电源上，分别求其额定电流及其电阻值。

解 根据 $$P_N=I_NU_N=\frac{U_N^2}{R}$$

得

$$I_N=\frac{P_N}{U_N},\qquad R=\frac{U_N^2}{P_N}$$

求得

$$I_{1N}=\frac{300}{220}=1.36\text{A},\qquad I_{2N}=\frac{1000}{220}=4.55\text{A}$$

$$R_1=\frac{220^2}{300}=161.3\Omega,\qquad R_2=\frac{220^2}{1000}=48.4\Omega$$

【例 1-13】 在例 1-12 中若将两个电阻炉串连接入 380V 的电源上，能否正常使用?

解 两个电阻炉并连接入 220V 电源上能正常工作，但串连接入 380V 的电源上，计算其工作状况如下：

两个电阻炉总电阻 $R=R_1+R_2=161.3+48.4=209.7\Omega$

电路中总电流

$$I=\frac{U}{R}=\frac{380}{209.7}=1.812\text{A}$$

两个电阻炉上的电压分别为

$$U_1=IR_1=1.812\times161.3=292.3\text{V}$$

$$U_2=IR_2=1.812\times48.4=87.7\text{V}$$

两个电阻炉实际消耗的功率为

$$P_1=U_1I=292.3\times1.812=529.6\text{W}$$

$$P_2=U_2I=87.7\times1.812=158.9\text{W}$$

可见，220V、300W 电阻炉上承受 292.3V 的电压，消耗功率为 529.6W，将过热烧坏；220V、1000W 的电阻炉上承受 87.7V 的电压，消耗功率为 158.9W，不能正常发热。

1.6.2 电路的三种工作状态

以图 1-22 最简单的直流电路为例，分别讨论电路的三种工作状态。

① 通路　在图 1-22(a) 中，当开关 S 闭合，电源与负载接通，电路状态为通路。r_0 为电源内阻，R_L 为负载电阻。电流 $I_L=\frac{E_0}{R_L+r_0}$。电路中工作电流超过额定电流 I_N 时称为过载；等于 I_N 时称为满载；小于 I_N 时称为轻载。

② 开路　在图 1-22(b) 中，当开关 S 断开，电路处于开路状态。此时电路中电流 $I_L=0$。

③ 短路　在图 1-22(c) 中，将电路中 a 或 b 与 c 点相连，会造成电源短路，电路处于短路状态。这时电流称为短路电流。短路电流很大，远远超过电源、连接导线、开关等的额定值，在极短时间内有可能烧坏这些设备。

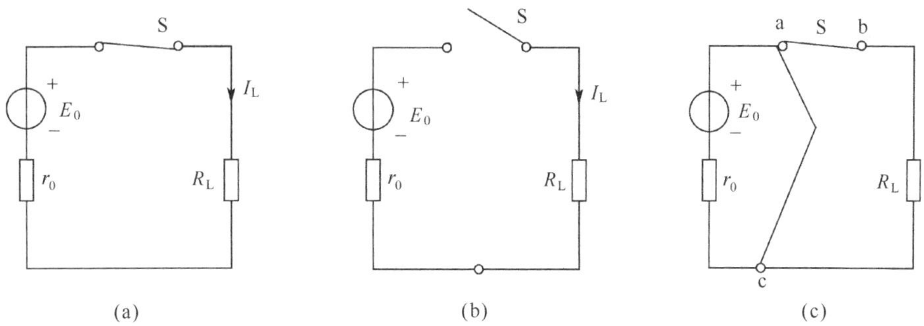

图 1-22　电路的三种工作状态

为了迅速排除短路事故，通常在电路中安装熔断器或其他保护设备，一旦发生短路，熔断器迅速熔断切断电路，起到保护设备的作用。

小　结

① 电路是由电源、负载和中间环节三部分组成的电流通过的路径。用理想元件构成的电路称电路模型。

② 电流在外电路的实际方向是从高电位流向低电位，在电源内部是从低电位流向高电位；电压的实际方向是从高电位指向低电位；电动势的实际方向是从低电位指向高电位。在电路分析中，人为规定的电量方向为参考方向。根据参考方向进行计算时，若计算结果为正值，说明实际方向与参考方向相同；若计算结果为负值，说明实际方向与参考方向相反。

③ 电路中任意点电位值的计算方法是：从参考点出发任选一条路径“走”到被测点，遇到电位升高取正值，遇到电位降低取负值，累计其代数和即为被测点的电位值。电路中参考点变化各点电位值随之变化，但任意两点之间的电位差值不变。

④ 基尔霍夫定律是分析计算复杂电路的最基本的定律。KCL 为 $\sum I=0$；KVL 为 $\sum U=0$。

⑤ 复杂电路的基本分析方法

支路电流法　以各支路的电流为未知变量，根据 KCL、KVL 列出电流、电压的独立方程，联立方程组求解各支路电流的方法。

电压源和电流源的等效互换　一个理想电压源 E_0 与电阻 r_0 串联，称为电压源模型；一个理想电流源 I_S 与电阻 r_S 并联，称为电流源模型。两者等效互换的关系式为 $r_0=r_S=r$；$E_0=rI_S$。

叠加原理　在有多个电源作用的线性电路中，任一支路的电流（或电压）等于由各个电源单独作用时在该支路所产生的电流（或电压）的代数和。在计算单独电源作用时，不考虑的电压源视为短路；不考虑的电流源视为开路。

节点电位法　适用于少节点多网孔结构的电路。以两节点电路为例，首先选定电路中一个节点为参考点，令其电位为零，根据 KCL 列出另一节点的电流方程，方程中各支路电流以另一节点的电位来表示。求出该节点电位再求出各支路电流。

等效电源定理　如果只需求解复杂电路中某一支路中的电流（或电压），用等效电源定理比较简便。方法是：将待求支路从电路中取出，剩余部分称为有源两端网络。一个线性有源两端网络可简化为一个等效电压源。

⑥ 电气设备的额定值：由厂家提供，是电气设备运行时所允许的上限值。

⑦ 电路的工作状态：有通路、开路、短路等三种状态。

思考题与习题

1-1　图 1-23 中各方框均表示闭合电路中的某一电气元件，其中各电压、电流的参考方向在图中已标出。已知：图（a）中 $U=2V$，$I=-1A$；图（b）中 $U=-3V$，$I=-2A$；图（c）中 $U=5V$，$I=2A$。试判断哪些是负载？哪些是电源？

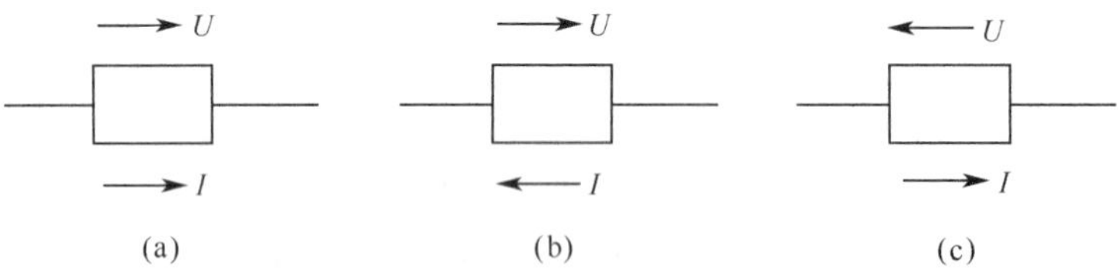

图 1-23　习题 1-1 图

1-2　图 1-24 中 A、B、C、为三个元件。电压、电流的参考方向已标注在图中。已知 $I_1=3A$，$I_2=-3A$，$I_3=-3A$，$U_1=120V$，$U_2=10V$，$U_3=-110V$。

① 标出各电流、电压的实际方向和极性。

② 判断哪个是电源？哪个是负载？

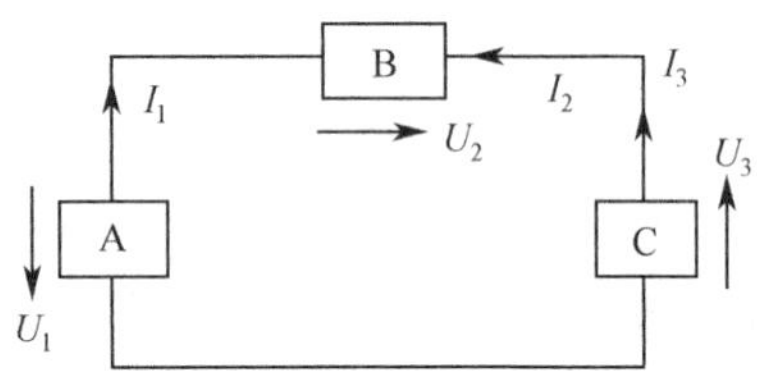

图 1-24　习题 1-2 图

1-3　如图 1-25 中，15Ω 电阻上的压降 $U=30V$，其极性如图所示。求电阻 R 及 P 点的电位。

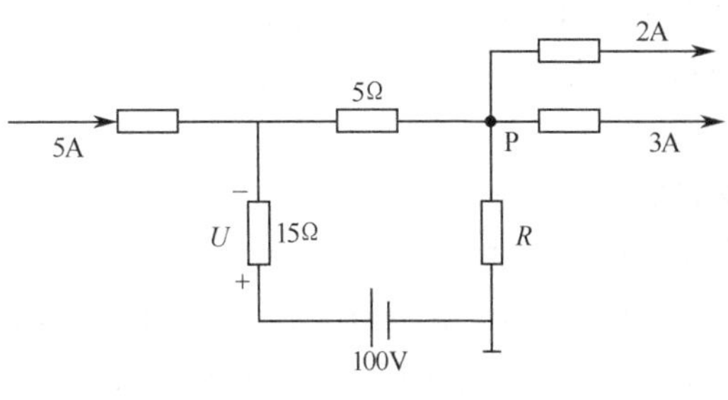

图 1-25　习题 1-3 图

1-4　用支路电流法求图 1-26 中各支路电流。

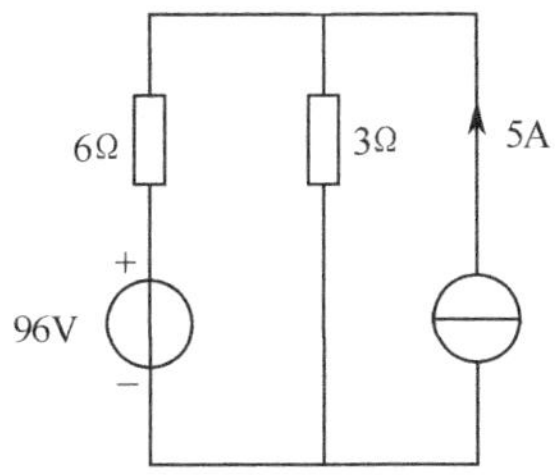

图 1-26　习题 1-4 图

1-5　图 1-27 中，已知 $E_1=114\text{V}$，$R_1=2\Omega$，$E_2=110\text{V}$，$R_2=2\Omega$，$R_L=111\Omega$。用支路电流法求各支路电流。

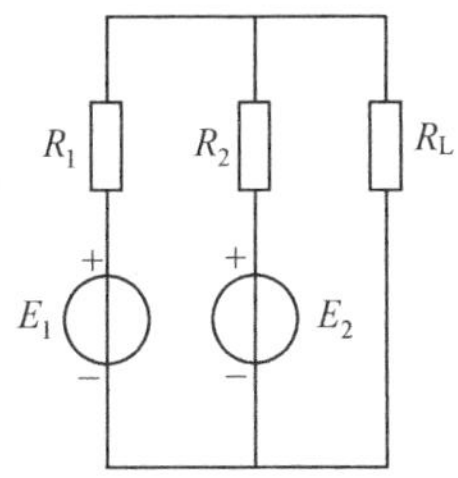

图 1-27　习题 1-5 图

1-6　用节点电位法求习题 1-4 电路中各支路电流。

1-7　用节点电位法求习题 1-5 电路中各支路电流。

1-8　图 1-28 中，已知 $U_1=12\text{V}$，$U_2=-6\text{V}$，$U_3=2\text{V}$，$R_1=R_2=20\text{k}\Omega$，$R_3=R_4=10\text{k}\Omega$。求图示电路中 A 点的电位。

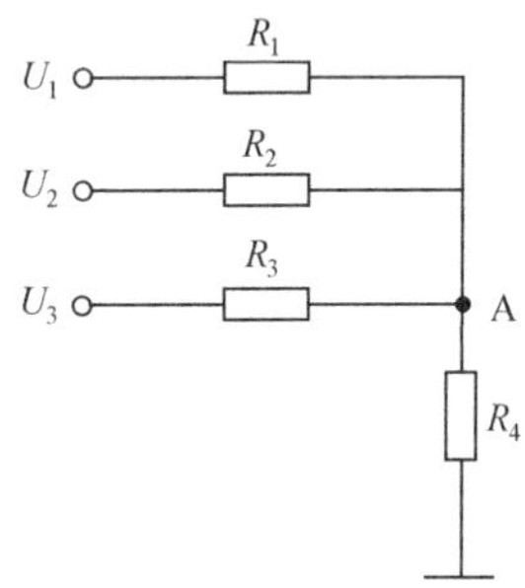

图 1-28　习题 1-8 图

1-9　用叠加原理求习题 1-4 电路中各支路电流。

1-10　用叠加原理求习题 1-5 电路中各支路电流。

1-11　用等效电源定理将图 1-29 中各电路化为等效电压源。

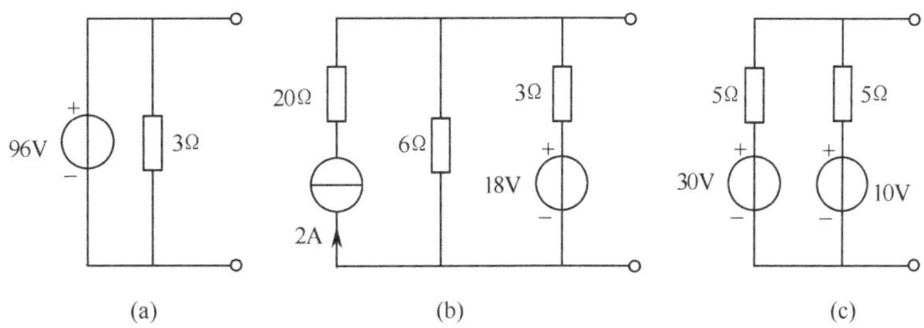

图 1-29　习题 1-11 图

1-12 将图 1-29(b)、(c) 用电压源和电流源等效互换的方法分别等效为一个电压源。

1-13 图 1-30 中 N 为一有源两端网络，用内阻为 100kΩ 的电压表测得其开路电压为 80V；用内阻为 50kΩ 的电压表测得其开路电压为 60V。求出该网络的等效电源模型，并求当 A、B 间接电阻 R_L 为多大时通过其电流为 0.02A。

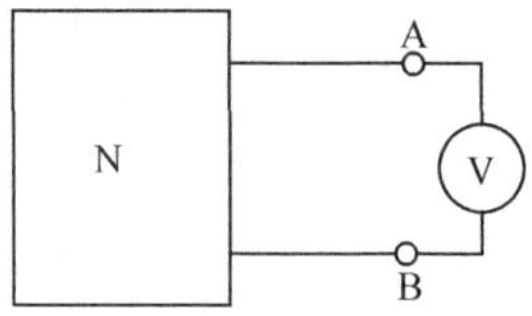

图 1-30 习题 1-13 图

1-14 图 1-31 中，已知 $E_1=12V$，$E_2=9V$，$R_1=R_2=R_3=R_4=3\Omega$，$R_5=10\Omega$，$I_3=6A$。求 R_5 上的电流 I。

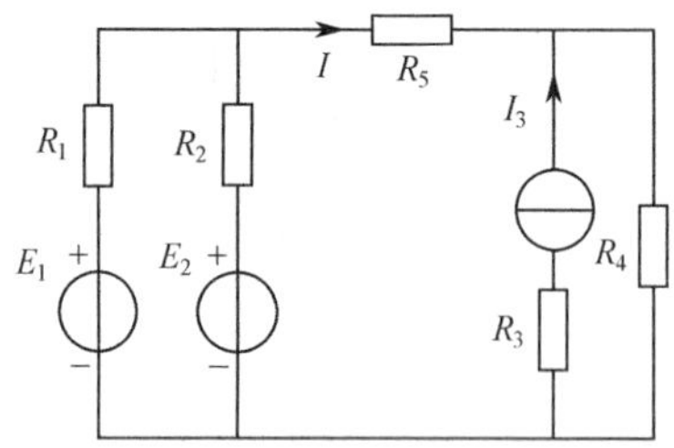

图 1-31 习题 1-14 图

2 单相交流电路

在工农业生产和日常生活中一般使用正弦交流电。因为它容易产生，便于输送和变换。本章重点讨论正弦交流电路的分析计算方法。

2.1 正弦交流电的基本概念

直流电路中的电动势、电压、和电流是不随时间改变的，如图 2-1 所示。

交变电动势、交变电压、交变电流统称为交流电，其大小与方向随时间作周期性的变化。电工技术中普遍采用随时间按正弦规律变化的交流电，称为正弦交流电。交流电循环变化一周的时间称为周期，用 T 表示。周期的单位是 s(秒)。1s 内含有的周期数称为频率，用 f 表示。频率的单位是 Hz(赫兹，简称赫)。由定义可知，频率与周期互为倒数，即

$$f=\frac{1}{T} \tag{2-1}$$

正弦交流电可用正弦曲线表示，如图 2-2 所示。

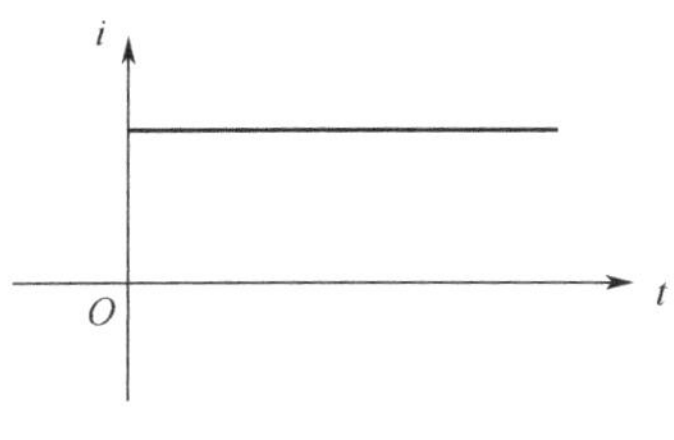

图 2-1 直流波形图

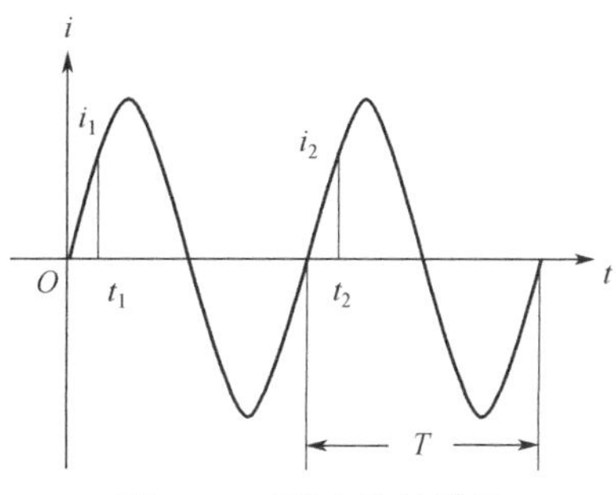

图 2-2 正弦交流波形图

2.1.1 正弦量的三要素

图 2-3 画出了正弦量（以电流 i 为例）的一般变化曲线。电流 i 随时间的变化关系可用正弦函数表达，即

$$i=I_m\sin(\omega t+\varphi_i) \tag{2-2}$$

式（2-2）称为正弦量的解析式。式中 i 为正弦交流电的瞬时值，I_m 为正弦交变电流的最大值，ω 称为正弦量角频率，φ_i 称为初相位，t 为时间。由式（2-2）可知，对于一个正弦电流 i，如果 I_m、ω、φ_i 为已知，则它与时间 t 的关系就是惟一确定的。因此最大值、角频率、初相位称为正弦量的三要素。

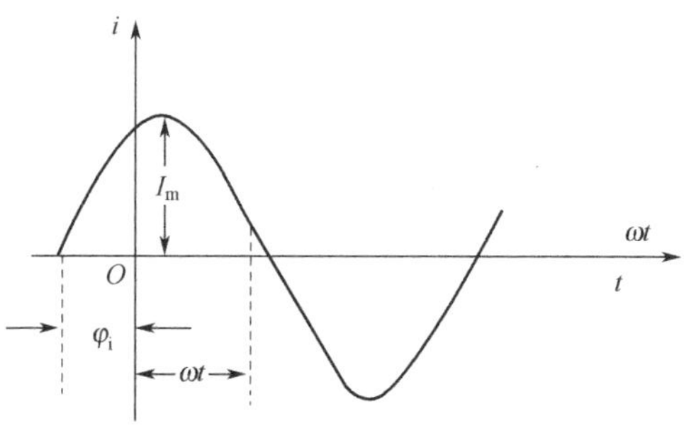

图 2-3 正弦交流电的三要素

① **最大值** 式（2-2）中 I_m 为电流的最大

值，也称幅值。正弦量的最大值用带下标 m 的大写英文字母表示，如 I_m、U_m、E_m 分别表示正弦电流、正弦电压、正弦电动势的最大值。

② **角频率** 式（2-2）中的 ω 在数值上等于单位时间内正弦函数幅角的增长值，称为角频率，它的单位为 rad/s（弧度每秒）。由于在一个周期 T 秒内幅角增长 2π 弧度，故

$$\omega=\frac{2\pi}{T}=2\pi f \tag{2-3}$$

频率、周期、角频率三个量都是说明正弦交流电变化快慢的。三个量中只要知道一个，其他两个量即可求出。例如中国工业和照明用电的频率为 50Hz（称为工频），其周期为 $T=\frac{1}{f}=\frac{1}{50}=0.02\text{s}$，角频率 $\omega=2\pi f=2\times3.14\times50=314\text{rad/s}$。

③ **相位角与初相角** 式（2-2）中，$\omega t+\varphi_i$ 是正弦交流电随时间变化的（电）角度。称为该正弦交流电的相位角，简称相位，单位是 rad(弧度)，为了方便也可用度来表示。在 $t=0$时的相位称为初相位，简称初相。式（2-2）中的 φ_i 就是该正弦交流电的初相，其值与计时起点有关。

【例 2-1】 某正弦电压的最大值 $U_m=310\text{V}$，初相 $\varphi_u=30°$；某正弦电流的最大值 $I_m=14.1\text{A}$，初相 $\varphi_i=-60°$。它们的频率均为 50Hz。试分别写出电压和电流的瞬时值表达式。并画出它们的波形。

解 电压的瞬时值表达式为

$$\begin{aligned}u&=U_m\sin(\omega t+\varphi_u)=310\sin(2\pi f t+\varphi_u)\\&=310\sin(314t+30°)\ \text{V}\end{aligned}$$

电流的瞬时值表达式为

$$i=I_m\sin(\omega t+\varphi_i)=14.1\sin(314t-60°)\ \text{A}$$

电压和电流波形如图 2-4 所示。

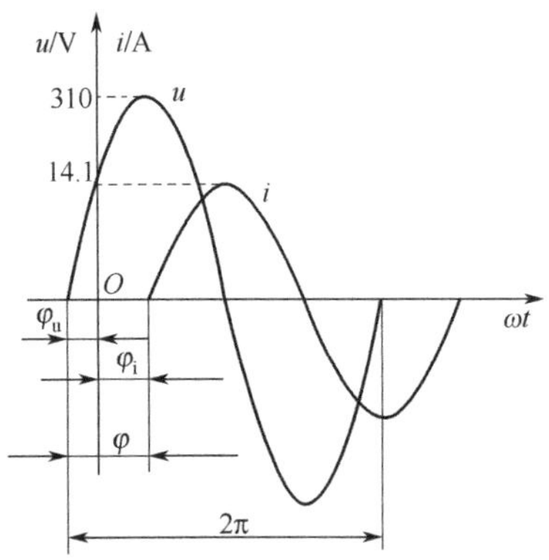

图 2-4 例 2-1 图

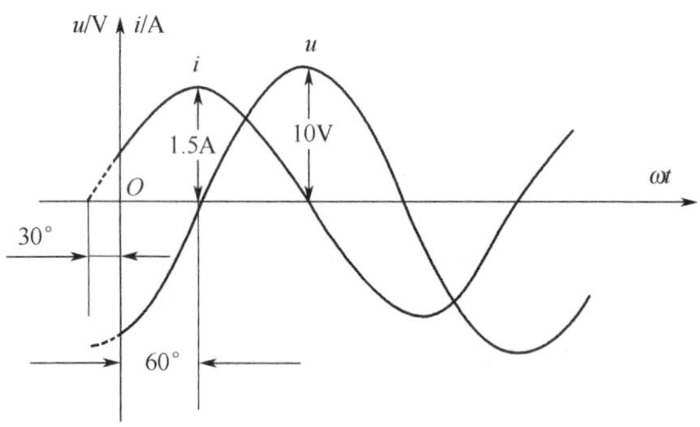

图 2-5 例 2-2 图

【例 2-2】 若正弦电流、电压波形如图 2-5 所示，试写出它们的解析式。

解 按照波形图，正弦电流解析式为

$$i=1.5\sin(\omega t+30°)\ \text{A}$$

正弦电压的解析式为

$$u=10\sin(\omega t-60°)\ \text{V}$$

2.1.2　相位差

两个同频率正弦量初相位之差称为它们之间的相位差，用 φ 表示。相位差的取值范围通常是：$-180°<\varphi\leqslant180°$。它反映了这两个正弦量“步调”上的关系。例 2-1 中电压与电流的相位差为

$$\begin{aligned}\varphi&=(\omega t+\varphi_u)-(\omega t+\varphi_i)\\&=\varphi_u-\varphi_i\end{aligned}$$

其数值为

$$\varphi=30°-(-60°)=90°$$

即两个同频率正弦量的相位差等于它们的初相差。

若 $\varphi>0$，表示 $\varphi_u>\varphi_i$，表明 u 的相位超前于 i，或 i 的相位滞后于 u。若 $\varphi<0$，即 $\varphi_u<\varphi_i$，这表明 u 滞后 i，或 i 超前于 u。若 $\varphi=0$，即 $\varphi_u=\varphi_i$，这种情况称为 u 与 i 同相位，简称同相。

若

$$\varphi=\varphi_u-\varphi_i=\pi$$

这表明 u 与 i 在相位上相差 π 角，这种情况称为 u 与 i 反相。

【例 2-3】 已知电动势 $e=E_m\sin(\omega t+45°)$ V，频率 $f=50$Hz，$i=I_m\sin\omega t$ A。试求 e 与 i 之间的相位差。

解　相位差

$$\varphi=45°-0=45°$$

即电动势 e 比电流 i 超前 45°。

2.1.3　正弦交流电的有效值

有效值就是从热效应来定义交流量大小的一个物理量。规定：如果一个交流电流，流过一个电阻，在一周期时间内产生的热量和某一直流电流流过同一电阻在相同时间内所产生的热量相同，那么这个直流电流的量值就称为交流电流的有效值。即交流电流的有效值就是热效应与它等同的直流值。交流电的有效值用大写英文字母 I、U、E 表示。

正弦量的有效值等于它最大值的$\dfrac{1}{\sqrt{2}}$倍。

正弦电压、正弦电动势的有效值为

$$U=\frac{U_m}{\sqrt{2}},\quad E=\frac{E_m}{\sqrt{2}} \tag{2-4}$$

【例 2-4】 设电路中电流 $i=I_m\sin\left(\omega t+\dfrac{2\pi}{3}\right)$，已知接在电路中的安培表读数为 1.3A，求 $t=0$ 时 i 的瞬时值。

解　已知电流有效值 $I=1.3$A，故最大值

$$I_m=\sqrt{2}I=1.414\times1.3=1.84\text{A}$$

$t=0$ 时，电流的瞬时值

$$i_o=I_m\sin\frac{2\pi}{3}=1.84\times0.866=1.6\text{A}$$

2.2　正弦交流电的表示法（相量图表示、相量复数表示）

正弦量可以用解析式或波形图来表示。但用解析式或波形图进行正弦量的运算十分不便。以下介绍的正弦量的相量表示法将为分析、计算正弦交流电路带来极大的方便。

2.2.1 相量图表示法

设有一正弦量 $i=I_m\sin(\omega t+\varphi_i)$，它可以用一个旋转相量来表示。在直角坐标系中作一条有向线段，其长度等于该正弦量的最大值 I_m，相量与横轴正向的夹角等于正弦量的初相角 φ_i，该相量逆时针方向旋转，其旋转的角速度等于该正弦量的角频率 ω。那么这个旋转相量任一瞬时在纵轴上的投影，就是该正弦函数 i 在该瞬时的数值。如图 2-6 所示，当 $\omega t=0$ 时，相量在纵轴上的投影为 $i_o=I_m\sin\varphi_i$；当 $\omega t=\omega t_1$ 时，相量在纵轴上的投影为 $i=I_m\sin(\omega t_1+\varphi_i)$，因此可以用这一个旋转相量来表示正弦量，这个旋转相量具备了正弦量的三要素。

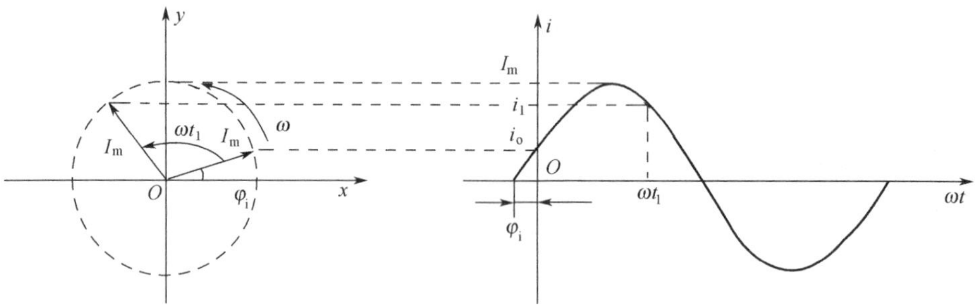

图 2-6 正弦量用旋转相量来表示

相量用大写英文字母上加一点来表示，如$\dot{I}_m$、$\dot{U}_m$、$\dot{E}_m$ 表示幅值相量。I、U、E 表示有效值相量。

在交流电路中，若计算同频率的正弦量的相加或相减，先画相量图，再用平行四边形法则进行分析计算。

例如已知

$$i_1=I_{1m}\sin(\omega t+\varphi_1)$$
$$i_2=I_{2m}\sin(\omega t+\varphi_2)$$

求

$$i=i_1+i_2=?$$

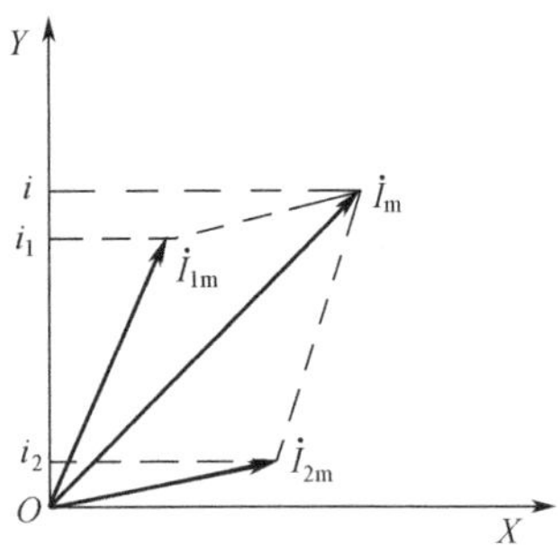

图 2-7 相量合成

可在直角坐标系上，按上述方法分别画出代表 i_1 与 i_2 的相量$\dot{I}_{1m}$与$\dot{I}_{2m}$，然后运用平行四边形法，将相量$\dot{I}_{1m}$与$\dot{I}_{2m}$相加，就可以得到一个新的相量$\dot{I}_m$，即为代表总电流 i 的相量，如图 2-7 所示。由于在任一瞬时这些相量之间的相对位置是固定不变的，根据计算出的 I_m 与 φ，可写出 $i=I_m\sin(\omega t+\varphi)$的解析式。

对于正弦量相减的运算，例如 $i'=i_1-i_2=?$ 也可借助相量图进行。只要用相量$\dot{I}_{1m}$加反方向的相量（$-\dot{I}_{2m}$）即可。

【例 2-5】 正弦电压 $u_1=311\sin\omega t$ V，$u_2=311\sin(\omega t+90°)$ V；试求 u_1+u_2 与 u_1-u_2。

解 ① 利用相量图画出$\dot{U}_{1m}$、$\dot{U}_{2m}$与$-\dot{U}_{2m}$的相量，如图 2-8 所示。

② 按平行四边形法则求合成相量

$$\dot{U}=\dot{U}_{1m}+\dot{U}_{2m}$$

$$\dot{U}_m=\dot{U}_{1m}+(-\dot{U}_{2m})$$

由图 2-8 可看出$\dot{U}_m$超前$\dot{U}_{1m}$ 45°，且

$$U_m=311\sqrt{2}$$

由图 2-8 可看出$\dot{U}'_m$滞后$\dot{U}_{1m}$ 45°，且

$$U_m'=311\sqrt{2}$$

所以 $u_1+u_2=311\sqrt{2}\sin(\omega t+45°)$ V

$u_1-u_2=311\sqrt{2}\sin(\omega t-45°)$ V

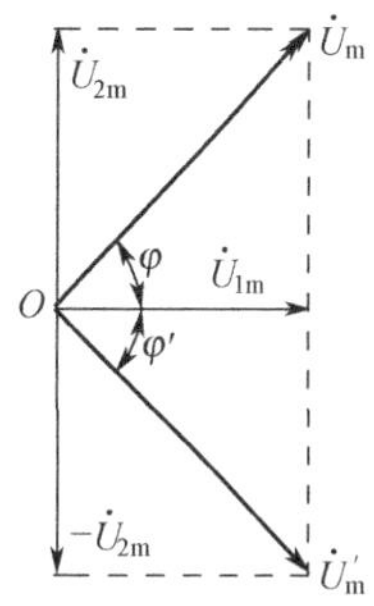

图 2-8 例 2-5 图

2.2.2 相量复数表示法

前面讲过可以用一个有向线段（相量）表示一个正弦量。而有向线段可以在复平面内用复数表示。

表示正弦电流 $i=I_m\sin(\omega t+\varphi)$ 的相量的复数形式为

$$\dot{I}_m=I_m\angle\phi \tag{2-5}$$

$$\dot{I}=I\angle\phi \tag{2-6}$$

式（2-5）中$\dot{I}_m$是电流幅值相量，式（2-6）中$\dot{I}$是电流有效值相量。复数的模表示正弦量的最大值（或有效值），幅角表示正弦量的初相角。在线性电路中，电路的输入、输出均为同频率的正弦量，频率也是给定的。在分析计算正弦量时只要求出最大值（或有效值）和初相角就可以了。

【例 2-6】 用相量的复数法计算例 2-5 中 u_1+u_2 和 u_1-u_2。

解

$$\begin{aligned}\dot{U}_m&=\dot{U}_{1m}+\dot{U}_{2m}=311\angle 0°+311\angle 90°\\&=311(\cos0°+\mathrm{j}\sin0°)+311(\cos90°+\mathrm{j}\sin90°)\\&=311+\mathrm{j}311=\sqrt{311^2+311^2}\angle 45°=311\sqrt{2}\angle 45°\end{aligned}$$

所以 $u_1+u_2=311\sqrt{2}\sin(\omega t+45°)$ V

$$\begin{aligned}\dot{U}'_m&=\dot{U}_{1m}-\dot{U}_{2m}=311\angle 0°+311\angle -90°\\&=311(\cos0°+\mathrm{j}\sin0°)+311[\cos(-90°)+\mathrm{j}\sin(-90°)]\\&=311-\mathrm{j}311=\sqrt{311^2+311^2}\angle -45°=311\sqrt{2}\angle -45°\end{aligned}$$

所以 $u_1-u_2=311\sqrt{2}\sin(\omega t-45°)$ V

运用相量复数运算方法可以把相量的几何分析转化为代数计算。在分析比较复杂的正弦交流电路中，显得更为方便。

2.3 单一参数的交流电路

最简单的交流电路是由电阻、电感、电容单个电路元件组成的，这些电路元件仅由 R、L、C 三个参数中的一个来表征其特性，故称这种电路为单一参数电路元件的交流电路。复杂的交流电路可以认为是由单一参数电路元件组合而成的，掌握及分析这种电路是很重要的。

2.3.1 纯电阻电路

(1) 纯电阻电路中电压与电流的相量关系

图 2-9 所示为仅有电阻参数的交流电路。图中标出了电流、电压的参考方向。

图 2-9 纯电阻电路

设 $u=U_m\sin\omega t$，根据欧姆定律

$$i=\frac{u}{R}=\frac{U_m}{R}\sin\omega t=I_m\sin\omega t \tag{2-7}$$

由此可知，通过电阻中的电流 i 与它的端电压 u 是同频率、同相位的两个正弦量。于是可得出它们的波形图及相量图，如图 2-10 与图 2-11 所示。

由式 (2-7) 可知，$I_m=\frac{U_m}{R}$，两边同除$\sqrt{2}$，得到电压、电流有效值之间的关系

$$I=\frac{U}{R}\text{或}U=IR \tag{2-8}$$

这说明电阻电路中电压有效值与电流有效值（或最大值）之间的关系也符合欧姆定律。

用相量来分析。由于外加电压

$$u=U_m\sin\omega t$$

电压的相量为

$$\dot{U}=U\angle 0^\circ$$

电流为
$$i=\frac{u}{R}=\frac{U_m}{R}\sin\omega t=I_m\sin\omega t$$

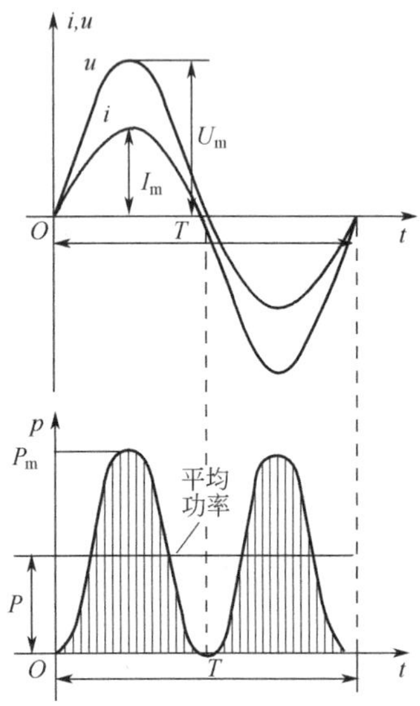

图 2-10 电阻电路的波形图

故电流的相量为
$$\dot{I}=I\angle 0^\circ=\frac{U}{R}\angle 0^\circ=\frac{\dot{U}}{R}$$

或
$$\dot{U}=R\dot{I} \tag{2-9}$$

图 2-11 电阻电路的相量图

式 (2-9) 是电阻电路中欧姆定律的相量形式。它既表达了电压与电流有效值之间的关系为 $U=RI$，又表明电压 u 与电流 i 同相位。

(2) 功率计算

① 瞬时功率 p 电路任一瞬时所吸收的功率称为瞬时功率，用 p 表示。它等于电压与电流瞬时值的乘积。即

$$p=ui=U_mI_m\sin^2\omega t=\frac{U_mI_m}{2}(1-\cos2\omega t)=UI+UI\sin\left(2\omega t-\frac{\pi}{2}\right)$$

p 包含两项：一项是常量 UI，另一项是正弦函数。因此，瞬时功率 p 的变化曲线可以

由图 2-10 看出，瞬时功率始终为正值，而电流、电压的参考方向一致，说明电阻元件总是从电源吸收电能，并转换成热能，电阻是耗能元件。瞬时功率的实用意义不大。

② 平均功率 P(有功功率)　瞬时功率在一周期的平均值，称平均功率或有功功率，或简称功率，用大写英文字母 P 表示。即

$$P=\frac{1}{T}\int_0^T p\mathrm{d}t=\frac{1}{T}\int_0^T U_{\mathrm{m}}I_{\mathrm{m}}\sin^2\omega t\mathrm{d}t$$

$$=\frac{UI}{T}\int_0^T(1-\cos2\omega t)\mathrm{d}t \tag{2-10}$$

$$=UI=I^2R=\frac{U^2}{R}$$

由此得出结论：纯电阻电路消耗的平均功率（有功功率）等于电压和电流的有效值的乘积。有功功率的单位也是 W(瓦）或 kW(千瓦)。

【例 2-7】 电路中只有电阻 $R=2\Omega$，正弦电压 $u=10\sin(314t-60°)$ V，试求：①试写出通过电阻的电流相量及瞬时值表达式；②电阻消耗的功率。

解 ① 电压相量为

$$\dot{U}=U\angle\varphi_{\mathrm{u}}=\frac{10}{\sqrt{2}}\angle-60°=7.07\angle-60°\ \mathrm{V}$$

电流相量为

$$\dot{I}=\frac{\dot{U}}{R}=\frac{7.07\angle-60°}{2}=3.54\angle-60°\ \mathrm{A}$$

电流瞬时值表达式为

$$i=I_{\mathrm{m}}\sin(\omega t+\varphi_{\mathrm{u}})=5\sin(314t-60°)\ \mathrm{A}$$

② 电阻消耗的功率

$$P=UI=\frac{10}{\sqrt{2}}\times\frac{5}{\sqrt{2}}=25\mathrm{W}$$

2.3.2 纯电感电路

(1) 纯电感电路中电压与电流的相量关系

图 2-12 所示为纯电感电路。图中标出了电流、电压的参考方向和在电流变化时电感中

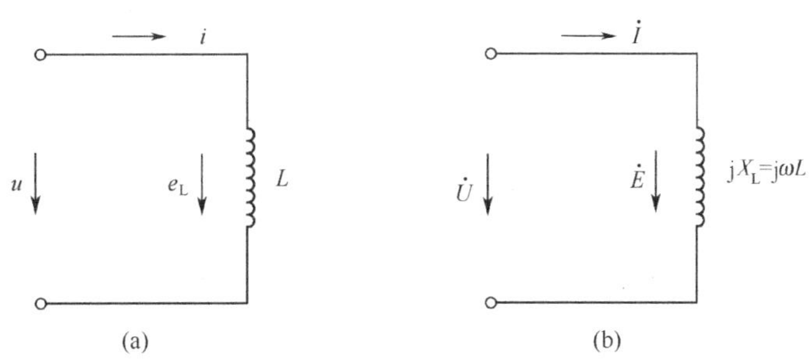

图 2-12　纯电感电路

产生自感电动势 e_{L} 的参考方向。根据 KVL，在电路中

$$u=-e_{\mathrm{L}} \tag{2-11}$$

电感元件中的自感电动势 $$e_L=-L\frac{di}{dt} \tag{2-12}$$

式中$\frac{di}{dt}$是电流变化率；L 是线圈的自感系数，单位是 H(亨利)。负号的含义是当电流增大时，$\frac{di}{dt}$为正，根据楞次定律可知 e_L 为负；当电流减少时，$\frac{di}{dt}$为负，此时 e_L 为正，将式(2-12)代入式（2-11）中得

$$u=L\frac{di}{dt} \tag{2-13}$$

将 $i=I_m\sin\omega t$ 代入式（2-13），得

$$u=L\frac{di}{dt}=L\frac{d}{dt}(I_m\sin\omega t)$$

$$=\omega LI_m\cos\omega t=U_m\sin\left(\omega t+\frac{\pi}{2}\right) \tag{2-14}$$

由式（2-14）可知 $$U_m=\omega LI_m \tag{2-15}$$

或 $$U=\omega LI=X_LI \tag{2-16}$$

其中 $$X_L=\omega L=2\pi fL \tag{2-17}$$

X_L 称为电感电抗，简称电抗或感抗，与频率成正比，单位是 Ω(欧姆)。

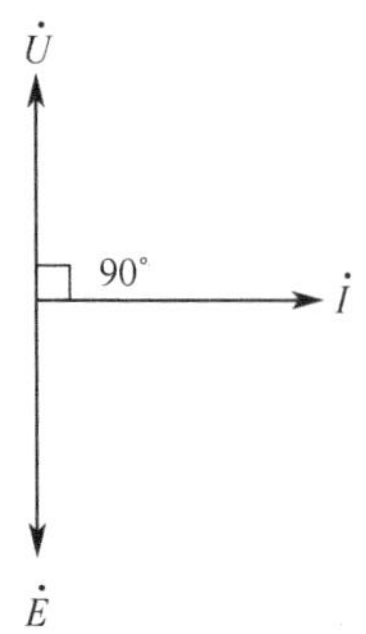

图 2-13 电感电路的相量图

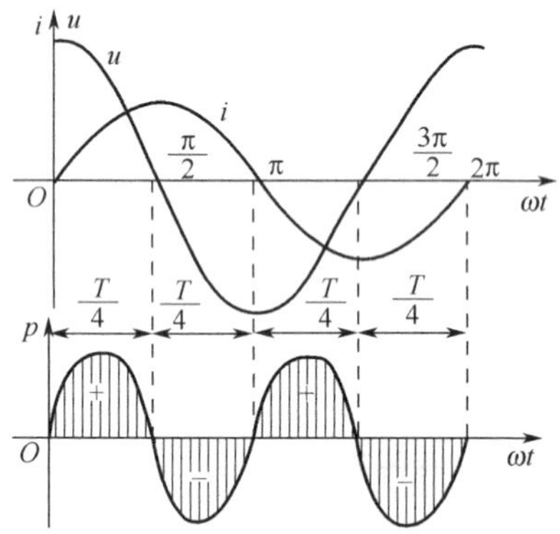

图 2-14 电感电路的波形图

用相量来分析。设 $i=I_m\sin\omega t$，则电流的相量为$\dot{I}=I\angle 0^\circ$，根据式（2-14）和式（2-16）可得

$$\dot{U}=U\angle 90^\circ=\omega LI\times j=jX_L\dot{I} \tag{2-18}$$

这就是电感电路中欧姆定律的相量形式。它既表达了电压与电流有效值之间的关系 $U=X_LI$，又表达了电压相位超前于电流相位 90°，如图 2-13 所示。

（2）功率计算

① 瞬时功率 p

$$p=ui=U_m\sin\left(\omega t+\frac{\pi}{2}\right)\times I_m\sin\omega t$$

$$=U_mI_m\sin\omega t\cos\omega t$$

$$=UI\sin 2\omega t \tag{2-19}$$

从图 2-14 电感电路中的瞬时功率曲线图中可以看到，在第一个$\frac{1}{4}$周期和第三个$\frac{1}{4}$周期

内，电流的绝对值大小都在增加，此时功率为正，这表示线圈从电源吸取电能。并以磁场能的形式储存起来。在第二个$\frac{1}{4}$周期和第四个$\frac{1}{4}$周期内，电流的绝对值在减小，功率为负值。这表示线圈将储存磁场能转换为电能送回给电源。综上所述，电感线圈总是与电源不断交换能量，因而它是一个储能元件。

② 平均功率 P　在一周期内，纯电感线圈从电源吸收的能量与返回电源的能量相等，线圈本身并没有消耗能量，所以

$$P=\frac{1}{T}\int_0^T p\mathrm{d}t=\frac{1}{T}\int_0^T UI\sin2\omega t\,\mathrm{d}t=0$$

③ 无功功率 Q_L　储能元件中瞬时功率的振幅称为无功功率，用字母 Q_L 来表示。即

$$Q_L=UI=X_L I^2=\frac{U^2}{X_L} \tag{2-20}$$

它反映储能元件与电源之间能量互换的规模。元件中只有能量的“吞吐”，没有能量的消耗，所以称“无功”。为了与有功功率区别，规定无功功率的单位是 var，简称乏。

【例 2-8】 在电压为 220V 频率为 50Hz 的电力电网内，接入电感 $L=0.127$H 而电阻可忽略不计的线圈。试求线圈的感抗、线圈中电流的有效值及无功功率。

解　感抗　$X_L=2\pi fL=2\times3.14\times50\times0.127=40\Omega$

电流的有效值　$I=\frac{U}{X_L}=\frac{220}{40}=5.5\text{A}$

无功功率　$Q_L=UI=220\times5.5=1210\text{var}$

2.3.3　电容电路

电容器通常由两块金属板构成，且板中间充满介质（如空气、云母、绝缘纸、塑料薄膜、陶瓷等）。电容器加上电压后，两块极板上将出现等量异性电荷，并在两极板间形成电场，储存电场能。

电容器极板上储存的电量 q，与外加电压 u 成正比，即

$$q=Cu \tag{2-21}$$

式中的比例系数 C 称为电容，电容的单位是 F(法拉)、μF(微法) 或 pF(皮法)。

$$1\text{F}=10^6\mu\text{F}=10^{12}\text{pF}$$

在正弦交流电路中，电压的大小、方向时刻在变化，使电容极板上的电荷也随之变化，电荷的变化在电路中产生了电流。电流的瞬时值即为这一时刻电容器极板上电荷的变化率。

$$i=\frac{\mathrm{d}q}{\mathrm{d}t}=C\frac{\mathrm{d}u}{\mathrm{d}t} \tag{2-22}$$

(1) 电容电路中电压与电流的相量关系

在图 2-15 中标出了电压、电流的参考方向，设 $u=U_m\sin\omega t$，根据式（2-22）有

$$i=\frac{\mathrm{d}q}{\mathrm{d}t}=C\frac{\mathrm{d}u}{\mathrm{d}t}=\omega CU_m\sin\left(\omega t+\frac{\pi}{2}\right)$$

$$=I_m\sin\left(\omega t+\frac{\pi}{2}\right) \tag{2-23}$$

由式（2-23）可知　$I_m=\omega CU_m$　(2-24)

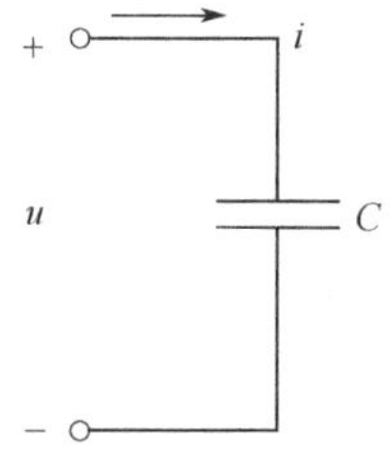

图 2-15　电容电路

$$U_m=\frac{1}{\omega C}I_m=X_C I_m \tag{2-25}$$

或

$$U=\frac{1}{\omega C}I=X_C I \tag{2-26}$$

其中

$$X_C=\frac{1}{\omega C}=\frac{1}{2\pi fC} \tag{2-27}$$

X_C 称为电容电抗，简称容抗，与频率成反比，单位是 Ω(欧姆)。

设 $u=U_m\sin\omega t$，则电压的相量为$\dot{U}=U\angle 0°$，根据式（2-23）和式（2-25）可得

$$\dot{I}=I\angle 90°=\frac{U}{X_C}\times j=j\omega C\dot{U} \tag{2-28}$$

或

$$\dot{U}=-jX_C\dot{I} \tag{2-29}$$

这就是电容电路中欧姆定律的相量形式。它既表达了电压与电流有效值之间的关系 $U=X_C I$，又表达了电压相位落后于电流相位 90°，如图 2-16 所示。

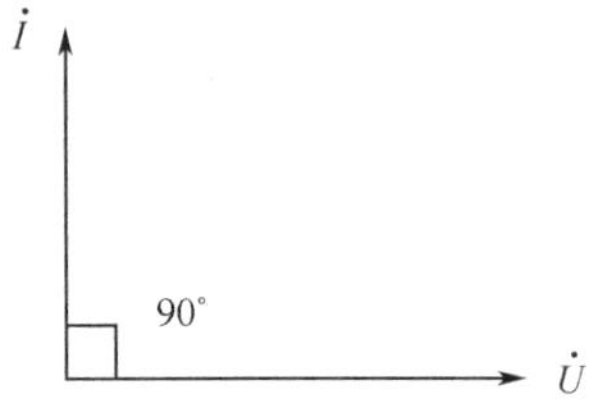

图 2-16 电容电路的相量图

(2) 功率计算

① 瞬时功率 p

$$\begin{aligned}p&=ui=U_m\sin\omega t\times I_m\sin\left(\omega t+\frac{\pi}{2}\right)\\&=U_m I_m\sin\omega t\cos\omega t\\&=UI\sin 2\omega t\end{aligned} \tag{2-30}$$

从图 2-17 电容电路的瞬时功率曲线上可以看到，在第一个$\frac{1}{4}$周期和第三个$\frac{1}{4}$周期内，电容上电压的绝对值在增加，电容元件充电，此时功率为正，这表示电容从电源吸收电能，并以电场能的形式储存起来。在第二个$\frac{1}{4}$周期和第四个$\frac{1}{4}$周期内，电容电压的绝对值在减小，功率为负值。这表示电容将储存电场能又全部返回给电源。此时电容起着一个电源的作用。综上所述，电容总是与电源不断交换能量，因而它是一个储能元件。

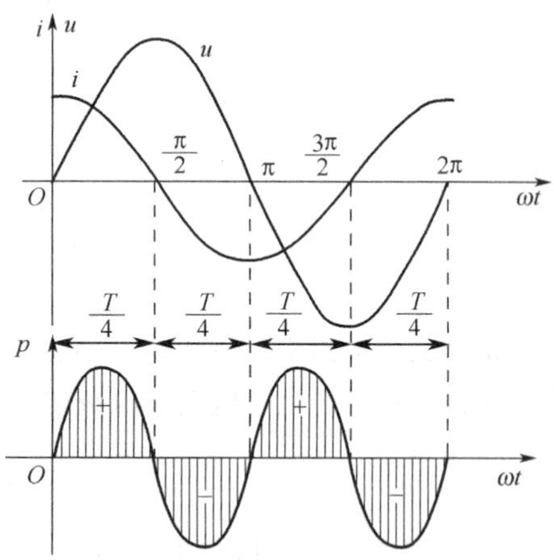

图 2-17 电容电路的波形图

② 平均功率 P 由以上分析可知，电容元件也是不消耗功率的，平均功率也为零。

③ 无功功率 Q_C 与电感元件的无功功率相似，也定义电容元件瞬时功率最大值为它的无功功率，单位也是 var。

【例 2-9】 将 $C=38.5\mu F$ 的电容器接到 $U=220V$ 的工频电源上，求 X_C、I、Q_C。

解 $X_C=\frac{1}{\omega C}=\frac{1}{2\pi fC}=\frac{1}{314\times 38.5\times 10^{-6}}$

$=82.7\Omega$

$$I=\frac{U}{X_C}=\frac{220}{82.7}=2.66A$$

$$Q_C = UI = 220 \times 2.66 = 585\text{var}$$

2.4 电阻、电感、电容元件串联的交流电路

2.4.1 电压与电流的相量关系

在图 2-18 所示的 RLC 串联电路中，设正弦电流为

$$i = I_m \sin\omega t$$

则该电流在电阻、电感、电容上产生的电压降分别为

$$u_R = U_{Rm}\sin\omega t = RI_m \sin\omega t$$

$$u_L = U_{Lm}\sin(\omega t + 90°) = X_L I_m \sin(\omega t + 90°)$$

$$u_C = U_{Cm}\sin(\omega t - 90°) = X_C I_m \sin(\omega t - 90°)$$

根据基尔霍夫电压定律有

$$u = u_R + u_L + u_C$$

把正弦量的代数运算转换为对应相量的代数运算

$$\dot{U} = \dot{U}_R + \dot{U}_L + \dot{U}_C$$

已知 $\dot{U}_R = R\dot{I}_R$ $\dot{U}_L = j\omega L\dot{I}_L$ $\dot{U}_C = \frac{1}{j\omega C}\dot{I}_C$

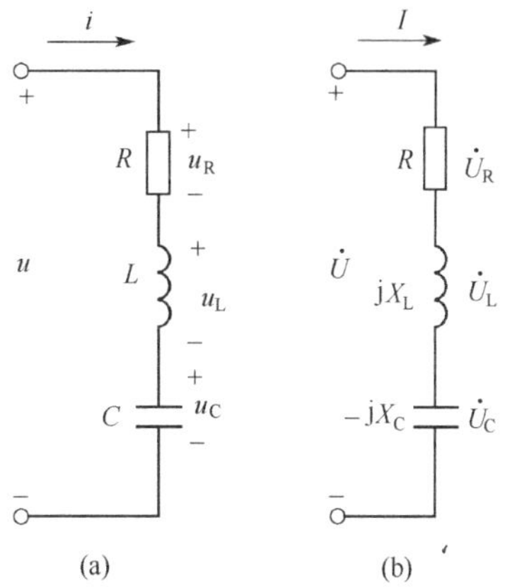

图 2-18 RLC 串联电路

由于是串联电路，所以通过 R、L、C 元件中的正弦电流 $\dot{I}$ 相同，有

$$\dot{U} = R\dot{I} + j\omega L\dot{I} + \frac{1}{j\omega C}\dot{I}$$

$$= \left[R + j\left(\omega L - \frac{1}{\omega C}\right)\right]\dot{I} \tag{2-31}$$

$$\dot{U} = \dot{I}Z \tag{2-32}$$

式 (2-32) 称为欧姆定律的相量形式，式中 Z 称为 RLC 串联电路的复阻抗，单位是 Ω(欧姆)。

$$Z = R + j\left(\omega L - \frac{1}{\omega C}\right)$$

$$= R + j(X_L - X_C)$$

$$= R + jX \tag{2-33}$$

复阻抗的实部是电阻 R，虚部是电抗 X。注意：复阻抗虽然是复数，但它不与正弦量相对应，故不是相量。

复阻抗是复数可通过阻抗三角形来表示，如图 2-19 所示。

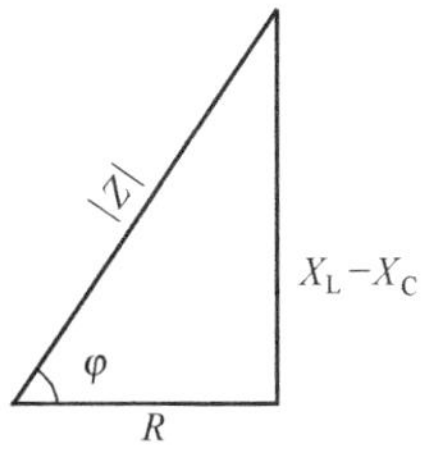

图 2-19 阻抗三角形

$$Z = |Z| \angle\varphi$$

$$|Z| = \sqrt{R^2 + (X_L - X_C)^2} \tag{2-34}$$

$$\tan\varphi = \frac{X_L - X_C}{R} \tag{2-35}$$

由式 (2-35) 可画出如图 2-20 所示的相量图。

图 2-20 中假定 $X_L > X_C$，即电感的电压 U_L 大于电容上的电压 U_C。由相量图可知，电阻上的电压 $\dot{U}_R = R\dot{I}$，电抗上的电压 $\dot{U}_X = jX$

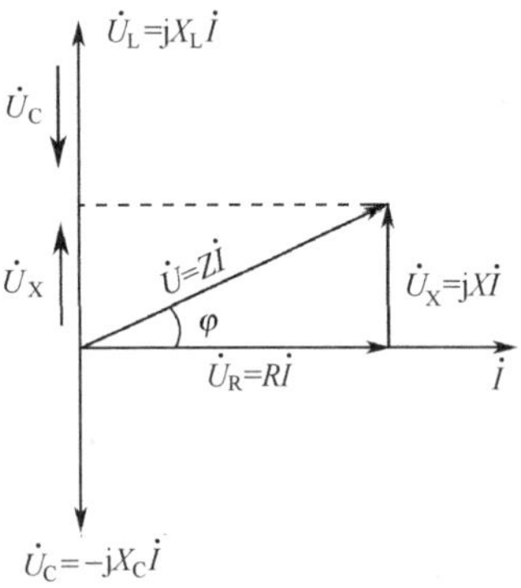

图 2-20 RLC 串联电路的相量图

$\dot{I}=j(X_L-X_C)\dot{I}$ 与外加电压$\dot{U}=\dot{I}Z$ 也组成一个直角三角形，称为电压三角形，如图 2-21 所示。

显然，电压三角形是阻抗三角形各边乘以$\dot{I}$ 而得，所以这两个三角形是相似三角形。但要注意，电压三角形的各边都是相量，即为相量三角形，而阻抗三角形的各边不是相量。电压与电流的相位差 φ 就是复阻抗的阻抗角。

（1）电感性电路

当 $X>0$，即 $X_L>X_C$ 时，则 $U_L>U_C$，此时 $\varphi>0$，表明电流$\dot{I}$ 比电压$\dot{U}$滞后 φ 角，如图 2-20 所示。电路中的电感电压$\dot{U}_L$ 补偿电容电压$\dot{U}_C$ 后尚有余量，即电感的作用大于电容的作用，故称这种电路为电感性电路。

（2）电容性电路

当 $X<0$，即 $X_L<X_C$ 时，$U_L<U_C$，此时 $\varphi<0$，表明电流$\dot{I}$ 比电压$\dot{U}$超前 φ 角，如图 2-22所示。电路中的电容电压$\dot{U}_C$ 补偿电感电压$\dot{U}_L$ 后尚有余量，即电容的作用大于电感的作用，故称这种电路为电容性电路。

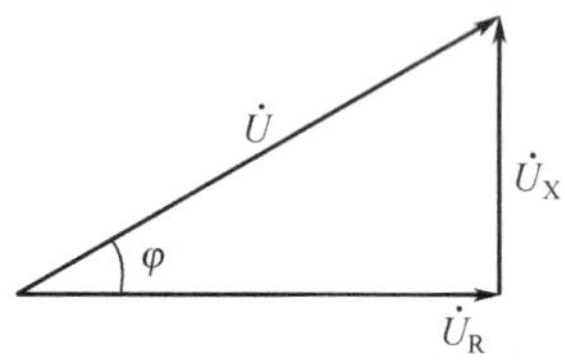

图 2-21 电压三角形

（3）电阻性电路

当 $X=0$，即 $X_L=X_C$ 时，则 $U_L=U_C$，此时 $\varphi=0$，表明电流$\dot{I}$ 与电压$\dot{U}$同相位，如图 2-23 所示。电路中的电感电压$\dot{U}_L$ 与电容电压$\dot{U}_C$ 相平衡，即电感的作用和电容的作用互相抵消，故称这种电路为电阻性电路，也称谐振电路。这时外加电压$\dot{U}$应与电阻上的电压$\dot{U}_R$ 相等，即$\dot{U}=\dot{U}_R$。电路的谐振现象，后面将予以讨论。

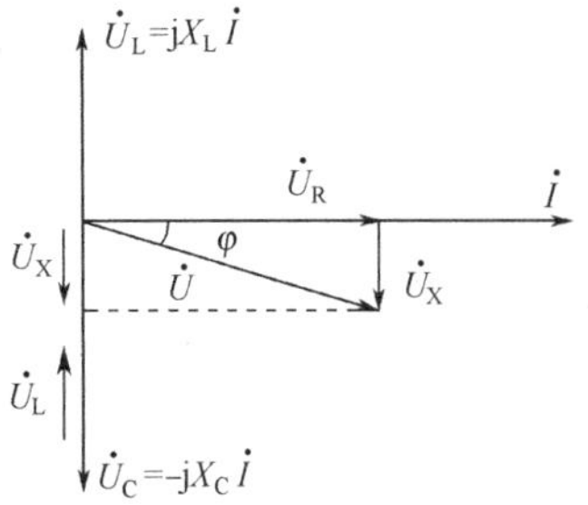

图 2-22 电容性电路相量图

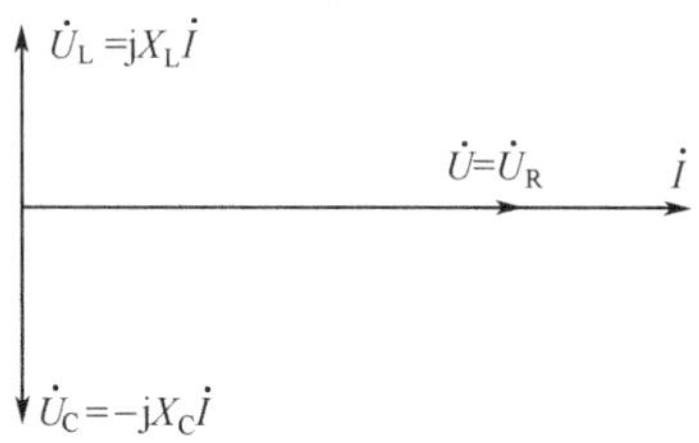

图 2-23 电阻性电路相量图

2.4.2 功率计算

① 有功功率 P 在 R、L、C 串联电路中，只有电阻消耗功率，所以

$$P=U_RI=UI\cos\varphi \tag{2-36}$$

式中 $\cos\varphi$ 称为功率因数，φ 称为功率因数角。功率因数是交流电路运行的重要指标之一，后面将进行讨论。

② 无功功率 Q 由于在 R、L、C 电路中电感和电容上流过的是同一电流 i，而电压 U_L 与 U_C 是反相的，所以感性无功功率 Q_L 与容性无功功率 Q_C 的作用也是相反的。这样就减

轻了电源的负担，使电源与负载之间传输的无功功率等于 Q_L 与 Q_C 之差。

$$Q=(U_L-U_C)I=Q_L-Q_C=UI\sin\varphi \tag{2-37}$$

③ 视在功率 S　电路中电压与电流有效值的乘积定义为视在功率。

$$S=UI=I^2|Z|=\frac{U^2}{|Z|} \tag{2-38}$$

视在功率的单位是 V·A(伏安)。视在功率常用于标称电源设备的容量，常标注在设备的铭牌上。

【例 2-10】 电阻 $R=22\Omega$、电感 $L=0.6$H 的线圈与电容 $C=63.7\mu$F 串联后接到 $U=220$V、$f=50$Hz 的交流电源上。求电路的阻抗、阻抗角、功率因数、电流、线圈上的电压 U_{RL}、电容器上的电压、电路的有功功率和无功功率。

解 电感的感抗　$X_L=2\pi fL=2\times3.14\times50\times0.6=188.4\Omega$

电容的容抗　$X_C=\dfrac{1}{2\pi fC}=\dfrac{1}{2\times3.14\times50\times63.7\times10^{-6}}=50\Omega$

电路的电抗　$X=X_L-X_C=188.4-50=138.4\Omega$

电路的阻抗　$|Z|=\sqrt{R^2+X^2}=\sqrt{22^2+138.4^2}=140.1\Omega$

阻抗角　$\varphi=\arctan\dfrac{X}{R}=\arctan\dfrac{138.4}{22}=81°$

功率因数　$\cos\varphi=\dfrac{R}{|Z|}=\dfrac{22}{140.1}=0.157$

电路的电流　$I=\dfrac{U}{|Z|}=\dfrac{220}{140.1}=1.57$ A

电感线圈的阻抗　$|Z_{RL}|=\sqrt{R^2+X_L^2}=\sqrt{22^2+188.4^2}=189.7\Omega$

电感线圈上的电压　$U_{RL}=I|Z_{RL}|=1.57\times189.7=297.8$V

电容上的电压　$U_C=IX_C=1.57\times50=78.5$V

有功功率　$P=UI\cos\varphi=220\times1.57\times0.157=54.2$W

无功功率　$Q=UI\sin\varphi=220\times1.57\times0.988=341$var

【例 2-11】 已知某继电器的电阻为 2kΩ，电感为 43.3H。接在 380V 的工频交流电源上。求通过线圈的电流及电流与外加电压的相位差。

解 这是 RL 串联电路，可看成是 $X_C=0$ 的 R、L、C 串联电路

电路的感抗　$X_L=2\pi fL=2\times3.14\times50\times43.3=13600\Omega$

阻抗角　$\varphi=\arctan\dfrac{X_L}{R}=\arctan\dfrac{13600}{2000}=\arctan6.8=81.63°$

电路的复阻抗　$Z=R+j(X_L-X_C)=R+jX_L=2000+j13600=13746\angle 81.63°\ \Omega$

以外加电压$\dot{U}$为参考相量，即令$\dot{U}=380\angle 0°$

则　$\dot{I}=\dfrac{\dot{U}}{Z}=\dfrac{380\angle 0°}{2000+j13600}=\dfrac{380\angle 0°}{13746\angle 81.63°}=27.6\angle -81.63°$ mA

通过线圈的电流是 27.7mA，电流滞后电压 81.63°的相位角。

【例 2-12】 如图 2-24 所示的正弦交流电路中，已知电源频率 $f=800$Hz；$C=0.046\mu$F，$R=2500\Omega$。求输入电压 u_1 与输出电压 u_2 之间的相位差。

解 由图可知，输出电压 u_2 是电阻上的电压 u_R，输入电压 u_1 是 RC 串联电路的总电

压，由相量图可知，u_2 比 u_1 超前 φ 角，且

$$\tan\varphi=\frac{X_C}{R}=\frac{\frac{1}{2\pi fC}}{R}=\frac{1}{2\pi fCR}=\frac{1}{2\times3.14\times800\times0.046\times10^{-6}\times2500}=1.730$$

则

$$\varphi=60°$$

其相量图如图 2-25 所示。

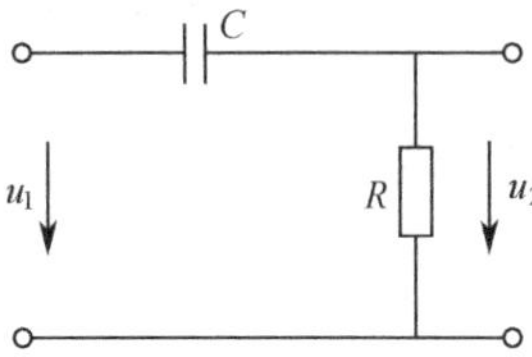

图 2-24　例 2-12 的电路图

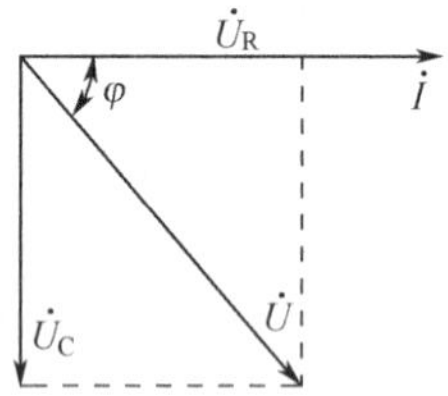

图 2-25　例 2-12 的相量图

2.5　功率因数的提高

工程上常用的很多负载都是电感性的，例如广泛使用的交流异步电动机、交流电焊机、感性加热炉以及日光灯等。由于负载的电感性，使得电流滞后电压 φ 角，φ 角愈大，功率因数就愈低。由于 $\cos\varphi=\frac{P}{S}$，$\cos\varphi<1$ 意味着电路中有功功率只占电源容量的一部分，而无功功率占用电源的另一部分。

2.5.1　功率因数低对电路的不良影响

(1) 功率因数低使电源的容量得不到充分的利用

电路中的有功功率　　$P=UI\cos\varphi=S\cos\varphi$

若电源的额定电压为 U_N，额定电流为 I_N，额定容量为 S_N，则额定输出功率 $P_N=S_N\cos\varphi$ 可见，额定输出功率的大小取决于负载的性质即功率因数 $\cos\varphi$ 的大小。

例如：供电电源 $S_N=20\text{kV}\cdot\text{A}$，能带 1000 盏额定功率 20W 的白炽灯（$\cos\varphi=1$）；若负载改为额定功率为 20W 的荧光灯（$\cos\varphi=0.4$），就只能带 400 盏。可见，功率因数低使电源的供电潜力未得到充分发挥，电源的容量未得到充分利用。

(2) 功率因数低使供电线路上的功率损耗增加

在电源电压一定的情况下，相同功率的负载，功率因数越低电流越大，而供电线路上有一定电阻值，故电流愈大，功率损耗愈大。

例如 220V、20W、$\cos\varphi=1$ 的白炽灯电流为 0.09A；而 220V、20W、$\cos\varphi=0.4$ 的荧光灯电流为 0.23A。

显然荧光灯上的电流大于白炽灯上的电流，荧光灯线路上的功率损耗要增加。

2.5.2　提高功率因数的方法

提高功率因数的方法除了提高用电设备本身的功率因数，例如正确选用异步电动机的容量，减少轻载和空载外，主要采用在感性负载两端并联电容器的方法对无功功率进行补偿。

电路如图 2-26(a) 所示，设负载的端电压为 $\dot{U}$，在未并联电容前，感性负载中的电流为 I_1，功率因数为 $\cos\varphi_1$。

$$\dot{I}_1=\frac{\dot{U}}{Z_1}=\frac{\dot{U}}{R+jX_L}=\frac{\dot{U}}{|Z_1|\angle\varphi_1}=\frac{\dot{U}}{|Z_1|}\angle-\varphi_1$$

当并联电容后，$\dot{I}_1$ 不变，而电容支路有电流

$$\dot{I}_C=-\frac{\dot{U}}{jX_C}=j\frac{\dot{U}}{X_C}$$

故线路电流　$\dot{I}=\dot{I}_1+\dot{I}_C$

相量图如图 2-26(b) 所示。

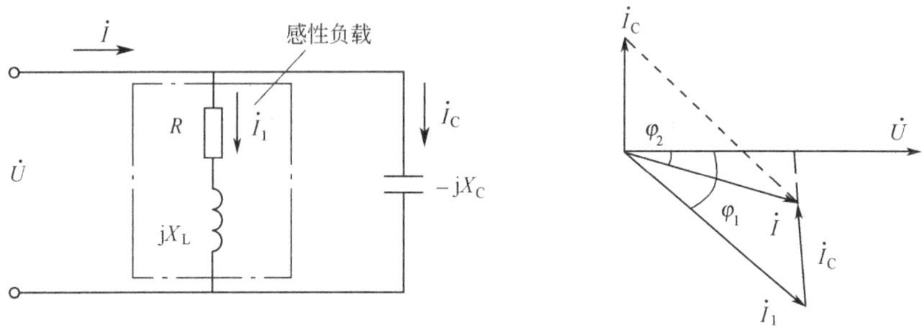

(a) 电路图　(b) 相量图

图 2-26　感性负载并联电容器提高功率因数

从相量图上可看出，感性负载的两端并联适当的电容，可使电压与电流的相位差 φ 减小，功率因数提高，同时线路电流由 I_1 减小为 I。这时部分能量互换发生在感性负载与电容之间，因而使电源设备的容量得到充分利用，线路上的能耗和压降减小。

对于感性负载，只要并联恰当的电容器就可以提高功率因数。但要强调的是，在并联电容器后，感性负载本身功率因数并没有提高，所提高的是包括电容器在内的整个电路的功率因数。

从理论上讲，将负载的 $\cos\varphi$ 提高到 1 为最好，但无此必要，一般通过电容器补偿提高到 0.9 左右就可以了。因为 $\cos\varphi$ 达到 0.9 以后再提高，经济效益的增加并不十分显著，但所需电容器的电容量增大，反而增加了设备投资。

设感性负载有功功率为 P，功率因数为 $\cos\varphi_1$，电源电压为 U，其角频率为 ω。现在要将其功率因数提高到 $\cos\varphi$，可推导所需并联电容 C 的计算公式。

由图 2-26(b) 可知

$$I_C=I_1\sin\varphi_1-I\sin\varphi$$

$$P=UI_1\cos\varphi_1=UI\cos\varphi$$

于是

$$I_C=\frac{P}{U}(\tan\varphi_1-\tan\varphi)$$

又有

$$I_C=\frac{U}{X_C}=\omega CU$$

所以

$$C=\frac{I_C}{\omega U}=\frac{P}{\omega U^2}(\tan\varphi_1-\tan\varphi) \tag{2-39}$$

这就是所需并联的电容器的电容量。

【例 2-13】 某单相变压器额定电压 $U_N=220$V，额定容量 $S_N=50$kV·A。若负载功率因数 $\cos\varphi_1=0.6$，可以供给负载多少有功功率？若将负载功率因数提高到 $\cos\varphi=0.9$，所并联

电容器的电容量是多少？此时变压器可提供多少有功功率？

解 负载 $\cos\varphi_1=0.6$ 时，该变压器可供给负载的有功功率为

$$P=S_N\cos\varphi_1=50\times0.6=30\text{kW}$$

若将负载的功率因数提高到 $\cos\varphi=0.9$，则

$$\cos\varphi_1=0.6 \qquad \varphi_1=53.1° \qquad \tan\varphi_1=1.33$$

$$\cos\varphi=0.9 \qquad \varphi=25.8° \qquad \tan\varphi=0.484$$

$$C=\frac{P}{\omega U^2}(\tan\varphi_1-\tan\varphi)=\frac{30\times1000}{314\times220^2}\times(1.33-0.484)$$

$$=1.67\times10^{-3}\text{F}=1670\mu\text{F}$$

并联电容器后，变压器可提供的有功功率为：$P=S_N\cos\varphi=50\times0.9=45\text{kW}$。

2.6 正弦交流电路中的谐振

由电阻、电感、电容组成的电路中，若电路中的总电压与总电流同相位，电路呈电阻性，通常把此时电路的工作状态称为谐振。谐振现象分为串联谐振和并联谐振。

2.6.1 串联谐振

图 2-27 所示的 RLC 串联电路复阻抗为

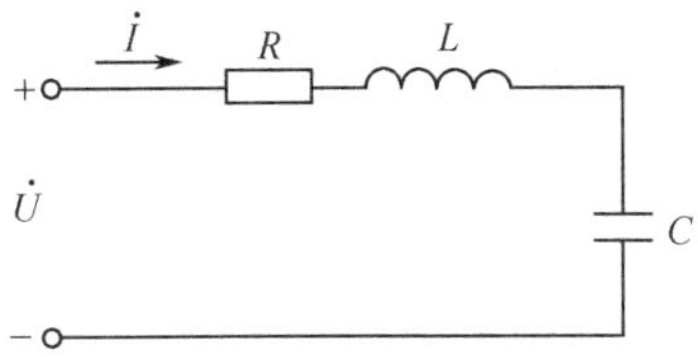

图 2-27 RLC 串联谐振电路

$$Z=R+\text{j}\left(\omega L-\frac{1}{\omega C}\right)$$

电路发生谐振时，$\varphi=0$。则上式虚部为零

$$\omega_0 L-\frac{1}{\omega_0 C}=0$$

谐振角频率

$$\omega_0=\frac{1}{\sqrt{LC}} \tag{2-40}$$

谐振频率

$$f_0=\frac{1}{2\pi\sqrt{LC}} \tag{2-41}$$

谐振频率只与电路的 L、C 参数有关，与 R 无关，如图 2-28 所示。

谐振时复阻抗 $Z=R$，阻抗最小。当外加电压不变时，电流最大。电路谐振时的感抗 X_L、容抗 X_C 称为特性阻抗 ρ。

$$\rho=\omega_0 L=\frac{1}{\omega_0 C}=\sqrt{\frac{L}{C}}$$

把特性阻抗与电阻的比值称为谐振电路的品质因数，用 Q 表示，即

$$Q=\frac{\omega_0 L}{R}=\frac{1}{R\omega_0 C}=\frac{1}{R}\sqrt{\frac{L}{C}}$$

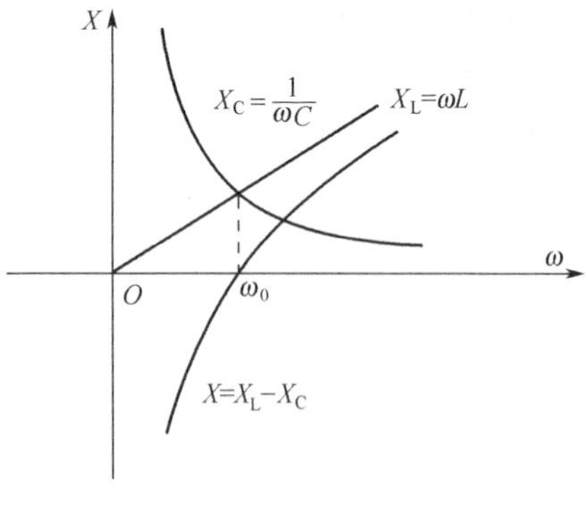

图 2-28 串联谐振阻抗频率特性

串联谐振电路的特点：

① 电路阻抗最小，当电源电压一定时，电路中电流最大；

② 谐振时阻抗角 $\varphi=0$，电流、电压同相位，整个电路呈电阻性，功率因数 $\cos\varphi=1$；

③ 串联谐振时，虽然 $\dot{U}_L$ 与 $\dot{U}_C$ 的相量和为零，但它们各自的值可能大大超过电源电压，

且为电源电压的 Q 倍，即 $U_L=U_C=QU$。

2.6.2　并联谐振

在图 2-29 中，用电阻 R 和电感 L 的串联来表示实际线圈，与电容器组成并联谐振电路。线圈和电容的复阻抗分别为

$$Z_1=R+j\omega L \qquad Z_C=\frac{1}{j\omega C}$$

电路的复阻抗
$$Z=\frac{(R+j\omega L)\frac{1}{j\omega C}}{R+j\omega L+\frac{1}{j\omega C}}$$

在一般情况下，线圈本身的电阻很小，特别是在频率较高时，$\omega L\gg R$，有

$$Z=\frac{\frac{L}{C}}{R+j\omega L+\frac{1}{j\omega C}}=\frac{1}{\frac{RC}{L}+j\left(\omega C-\frac{1}{\omega L}\right)}$$

谐振时，复阻抗的虚部为零，得到

$$\omega_0 C-\frac{1}{\omega_0 L}=0$$

$$\omega_0=\frac{1}{\sqrt{LC}},\quad f_0=\frac{1}{2\pi\sqrt{LC}}$$

在 $\omega L\gg R$ 情况下，得到与串联谐振电路相同的谐振频率表达式。并联谐振时，电压、电流同相位，阻抗最大。阻抗为 $Z_0=\frac{L}{RC}$，电路的总电流 I_0 最小（外施电压 U 一定）。在谐振时，通过线圈和电容的电流大于电路的总电流如图 2-30 所示。

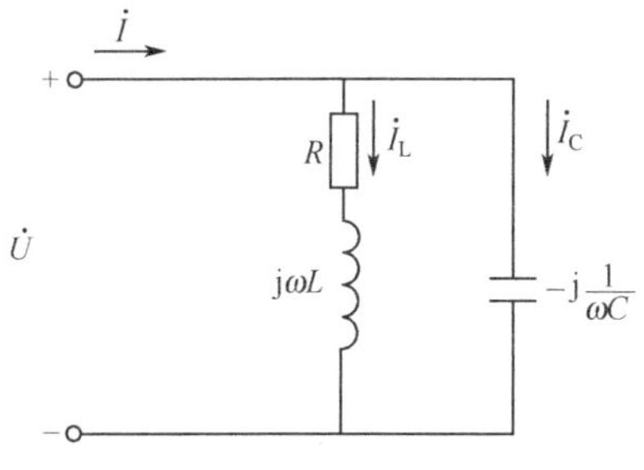

图 2-29　并联谐振电路

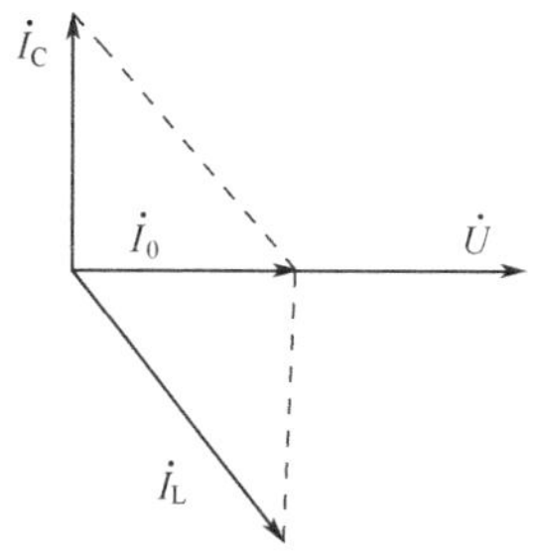

图 2-30　并联谐振电路相量图

并联谐振电路的特点：

① 阻抗最大，在电源电压一定时，电路的总电流最小；

② 谐振时阻抗角 $\varphi=0$，电流、电压同相位，整个电路呈电阻性，功率因数 $\cos\varphi=1$；

③ 线圈电流与电容电流几乎大小相等，相位相反。$I_C\approx I_L=QI$。

谐振广泛应用在无线电工程中，但在电力工程中，往往又要避免谐振给电气设备带来的危害。通过对电路发生谐振的分析，人们在生产实践中能更好地用其所长，避其所短。

2.7 非正弦交流电路的概念

在实际电路中，经常遇到一些电压和电流虽然是周期性的，但不按正弦规律变化的电压与电流。

2.7.1 产生非正弦电压和电流的原因

① 发电机结构及制造上的原因等，产生的电动势为不严格的正弦波。还有一些特殊电源，如实验室用的方波发生器和锯齿波发生器等产生的电压波形也是非正弦波。

② 电路存在非线性元件，例如半导体二极管、可控硅等，尽管电源是正弦的也会产生非正弦的电压和电流。

③ 电路中有几个不同频率的电源共同作用就会产生非正弦电压和电流。

2.7.2 如何分析非正弦周期电路

在电子技术、自动控制以及计算机技术中，大量遇到按非正弦规律变化的电源和信号如图 2-31 和图 2-32 所示的脉冲波和矩形波。

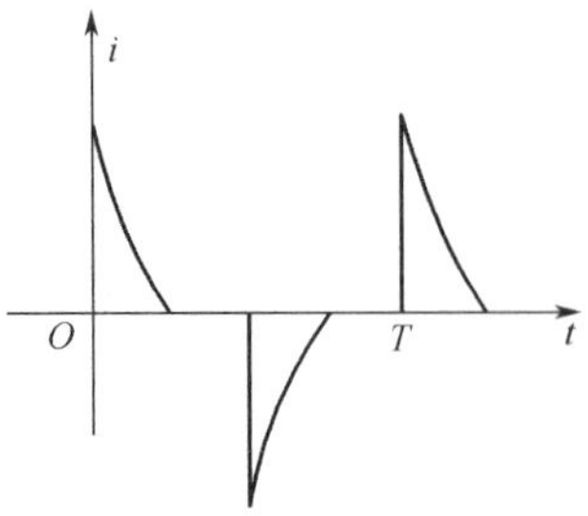

图 2-31 脉冲电流

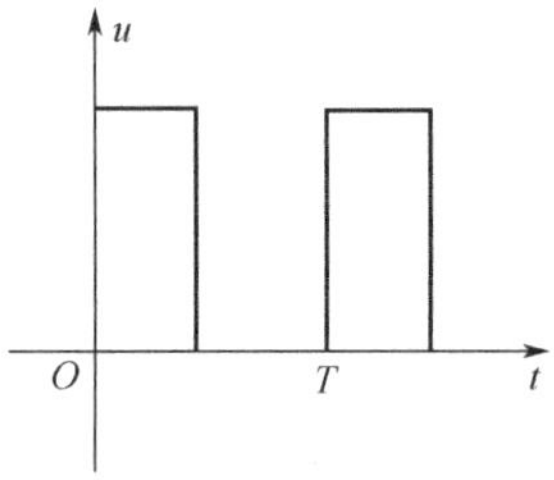

图 2-32 矩形波电压

由数学理论可知，一个频率为 f 的非正弦的周期函数，可以利用傅里叶级数将其分解为直流分量，频率为 f 的正弦波分量及若干个频率为 f 整数倍的正弦波分量，而 $\omega=\frac{2\pi}{T}$，T 为 $f(t)$ 的周期，其傅里叶级数为

$$
\begin{aligned}
f(t) &= A_0 + A_{1\mathrm{m}}\sin(\omega t+\varphi_1) + A_{2\mathrm{m}}\sin(2\omega t+\varphi_2) + \cdots \\
&= A_0 + \sum_{k=1}^{\infty} A_{k\mathrm{m}}\sin(k\omega t + \varphi_k)
\end{aligned}
$$

式中，第一项 A_0 称为恒定分量（或直流分量）；第二项 $A_{1\mathrm{m}}\sin(\omega t+\varphi_1)$ 称为一次谐波（或基波分量）；第三项 $A_{2\mathrm{m}}\sin(2\omega t+\varphi_2)$ 称为二次谐波；以后各项称为高次谐波。

若某线性电路两端的电压为非正弦周期电压 $u(t)$，欲求解电路中各（电流）电压，其解题步骤如下。

① 将非正弦周期电压分解为直流分量和各次谐波分量，高次谐波取到哪一次视要求精确程度而定。若将每个谐波分量都看成一个单独电源，则非正弦周期电压可看成由直流电源和不同频率正弦电源的叠加。

② 将各谐波分量单独作用于电路求解。当直流分量作用于电路时，可用求解直流电路的方法。

③ 各交流谐波分量单独作用于电路时，计算方法与正弦交流电路一样，可用相量法。

④ 利用叠加原理，把计算出属于同一支路的直流分量和各次谐波分量电流（或电压）进行叠加，便得到各支路电流（或电压）。

小　结

① 随时间按正弦规律变化的电压和电流统称为正弦电量，或称正弦交流电。若知正弦量的三要素，即最大值 I_m(或有效值 $I=\frac{I_m}{\sqrt{2}}$)、频率 f(或周期 $T=\frac{1}{f}$，或角频率 $\omega=2\pi f$) 和初相位 φ，就可以写出它的瞬时值表达式，也可画出它的波形图。

在学习电工技术时会遇到同一电量的不同符号，它们代表不同的意义。通常小写字母（i、u、e）代表时间的函数（瞬时值），大写字母（I、U、E）代表一定的大小（直流值、交流量的有效值），带下标的大写字母（I_m、U_m、E_m、I_N、U_N、E_N）代表特殊的大小（最大值、额定值），上带圆点的大写字母（$\dot{I}$、$\dot{U}$、$\dot{E}$）代表相量。

② 正弦量可用解析式、波形图和相量三种方法来表示。三角函数式和波形图是两种基本的表示方法，能将正弦量的三要素全面表示出来，但不便于计算；相量表示法是分析和计算交流电路的一种重要工具，它用相量图或复数式表示正弦量的量值和相位关系，通过简单的几何或代数方法对同频率的正弦交流电进行分析计算，十分方便。

③ 单一参数电路元件的电路是理想化（模型化）的电路。R 是耗能元件，L、C 是储能元件，实际电路可由这些元件和电源的不同组合构成。
单一参数电路欧姆定律的相量形式是：

$$\dot{U}=R\dot{I}$$

$$\dot{U}=\mathrm{j}X_L\dot{I}$$

$$\dot{U}=-\mathrm{j}X_C\dot{I}$$

它们反映了电压与电流的量值关系和相位关系，其中感抗为 $X_L=\omega L$，容抗为$X_C=\frac{1}{\omega C}$。

④ RLC 串联电路是具有一定代表性的电路，其欧姆定律的相量形式为

$$\dot{U}=Z\dot{I}$$

其中复阻抗　$Z=R+\mathrm{j}(X_L-X_C)$

电压关系为　$U=\sqrt{U_R^2+(U_L-U_C)^2}$

功率关系为　$S=\sqrt{P_R^2+(Q_L-Q_C)^2}$

其中有功功率　$P=UI\cos\varphi$

无功功率　$Q=Q_L-Q_C=UI\sin\varphi$

视在功率　$S=UI$

阻抗角即相位差角或功率因数角　$\varphi=\arctan\frac{X}{R}=\arctan\frac{U_X}{U_R}=\arctan\frac{Q}{P}$

以上关系可用三个相似三角形帮助记忆和分析。

⑤ 提高功率因数的意义在于提高电源设备的利用率和减少线路损耗。实际电力系统中绝大多数的负载是电感性的，因此常采用并联电容器的方法来提高线路的功率因数，其基本原理是用电容的无功功率 Q_C 对电感的无功功率进行补偿。

⑥ 谐振是交流电路中的特殊现象，其实质是电路中 L 和 C 的无功功率实现完全的相互

补偿，使电路呈现电阻的性质。谐振条件是 $\omega L-\dfrac{1}{\omega C}=0$，改变电路参数或电源频率，可使电路发生谐振。谐振频率

$$f_0=\frac{1}{2\pi\sqrt{LC}}$$

在 RLC 串联电路中发生的谐振称为串联谐振或电压谐振，其主要特点是：电路阻抗最小，电流最大。

线圈与电容器并联的电路中发生的谐振称为并联谐振或电流谐振，其主要特点是：电路阻抗最大，总电流最小，可能出现支路电流大于总电流的情况。

⑦ 在电工技术上遇到的非正弦量一般都可以分解为傅里叶级数。在此基础上，利用直流电路的分析方法和正弦交流电路中的相量分析法，就可以解决非正弦周期电路的问题。

思考题与习题

2-1 已知正弦电压的三要素为 $U_{mA}=310$V，$f_A=50$Hz，$\varphi_A=0°$；$U_{mB}=310$V，$f_B=50$Hz，$\varphi_B=120°$；$U_{mC}=310$V，$f_C=50$Hz，$\varphi_C=-90°$，试写出其瞬时值 u_A、u_B、u_C 的表达式，并在同一坐标上画出其波形图。

2-2 已知正弦电流的三要素为 $I_{Am}=300$mA，$f_A=50$Hz，$\varphi_A=30°$；$I_{mB}=200$mA，$f_B=100$Hz，$\varphi_B=60°$，试写出其瞬时值 i_A、i_B 的表达式，并在同一坐标上画出波形图。

2-3 在高频电炉的感应圈中，通入电流 $i=85\sin(1256\times10^3t+60°)$ A。试求此电流的角频率、频率、周期、最大值、有效值和初相角。

2-4 电压 $u_A=10\sin(\omega t+60°)$ V 和 $u_B=10\sqrt{2}\sin(\omega t-30°)$ V，指出电压 u_A、u_B 的有效值、初相、相位差，画出 u_A、u_B 的波形图。

2-5 写出下列正弦电压对应的相量

$$u_1=100\sqrt{2}\sin(\omega t-30°)\ \text{V}$$
$$u_2=220\sqrt{2}\sin(\omega t+45°)\ \text{V}$$
$$u_3=110\sqrt{2}\sin(\omega t+60°)\ \text{V}$$

2-6 写出下列相量对应的正弦量

$$\dot{U}_1=100\angle-120°\ \text{V}\qquad \dot{U}_2=-50+\text{j}86.6\ \text{V}\qquad \dot{U}_3=50\angle45°\ \text{V}$$

2-7 一个灯泡接在 $u=311\sin(314t+30°)$V 的交流电源上，灯丝炽热时电阻为 484Ω。试求流过灯丝的电流瞬时值表达式以及灯泡消耗的功率。

2-8 在图 2-33 所示各波形中，$U_{1m}=311$V，$U_{2m}=180$V，$\omega=314$r/s，试求出或作出：①u_1、u_2 曲线的瞬时值表达式；②相位关系及相位差；③相量图；④u_1 及 u_2 的有效值。

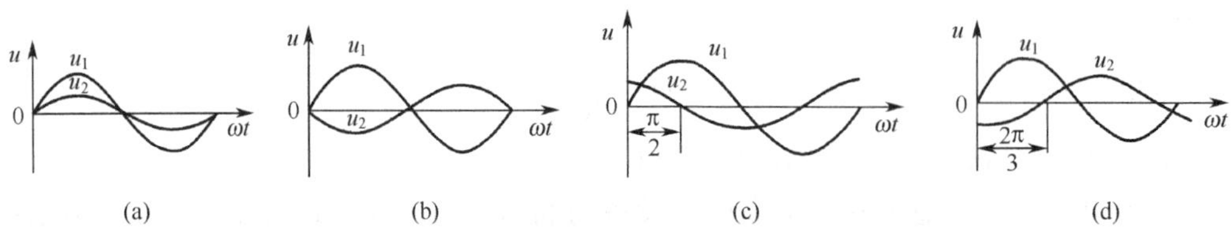

图 2-33 习题 2-8 图

2-9 如图 2-34 所示电路元件 P 两端电压和通过的电流分别如下，试问 P 分别代表什么元件？

① $u=5\sin(200t+90°)$ V

　$i=2\cos200t$ A

② $u=5\sin200t$ V

　$i=2\cos200t$ A

③ $u=-5\cos200t$ V

　$i=-2\sin200t$ A

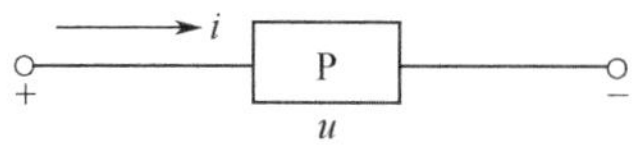

图 2-34　习题 2-9 图

2-10　如图 2-35 所示的电路中，电压表 V_1、V_2、V_3 的读数都是 10V，试求电压表 V 的读数。

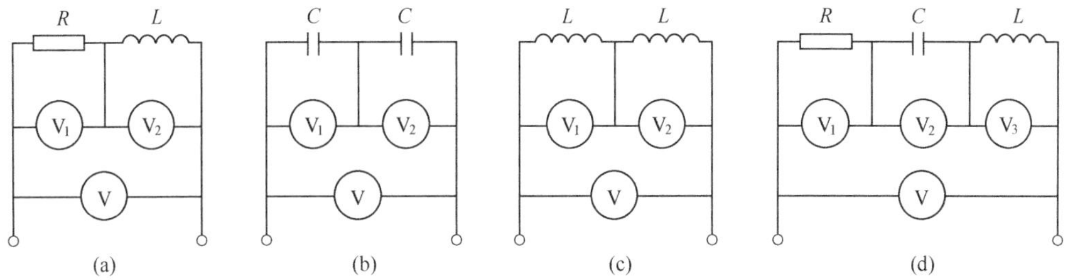

图 2-35　习题 2-10 图

2-11　如图 2-36 所示正弦交流电路中，电流表 A_1、A_2 的读数都是 5A，试分别求出每个电路中电流表 A 的读数。

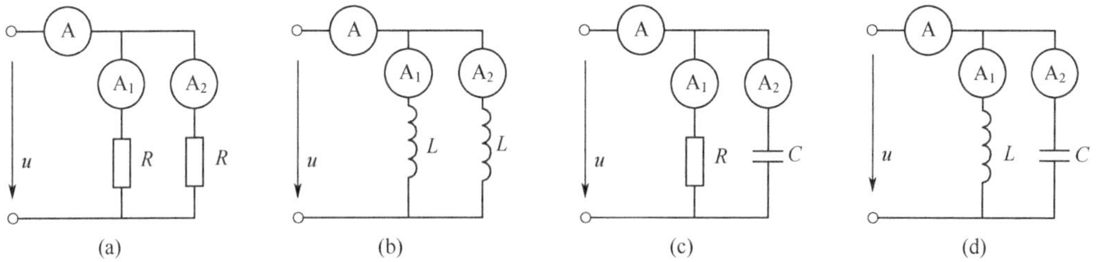

图 2-36　习题 2-11 图

2-12　正弦电压 $u=U_m\sin\omega t$，对于 RLC 串联电路来说，下面各表达式哪些是正确的，哪些是错误的？

① $u=u_R+u_L+u_C$（　）　② $U_m=U_{Rm}+U_{Lm}+U_{Cm}$（　）

③ $U=U_R+U_L+U_C$（　）　④ $\dot U=RI$（　）

⑤ $\dot U_L=j\omega L\dot I$（　）　⑥ $\dot U_C=-j\omega C\dot I$（　）

⑦ $\dot U=\left[R+j\left(\omega L-\frac{1}{\omega C}\right)\right]\dot I$（　）　⑧ $\dot U_L=\sqrt{R^2(X_L-X_C)^2}\dot I$（　）

⑨ $i=\frac{u}{R+L+C}$（　）　⑩ $i=\frac{u}{R+X_L+X_C}$（　）

⑪ $i=\frac{u}{\sqrt{R^2+(X_L-X_C)^2}}$（　）　⑫ $i=\frac{u_R}{R}$（　）　⑬ $i=\frac{u_L}{\omega_L}$（　）

⑭ $i=\frac{u_C}{X_C}$（　）　⑮ $I=\frac{U_R}{R}$（　）　⑯ $I=\frac{U_L}{L}$（　）

⑰ $I=\omega CU_C$（　）　⑱ $I=\frac{U}{\sqrt{R^2+(X_L-X_C)^2}}$（　）

2-13　为了测定一个空心线圈的参数，将线圈两端接在 $U=12$V 的直流电源上，通过线圈的电流为 4A，如接在频率 $f=50$Hz、$U=12$V 的交流电源上，通过线圈的电流为 2.4A。试求这个线圈的电感和电阻。

2-14　将 $R=13\Omega$、$L=165$mH 的电感线圈与 $C=1\mu$F 的电容器串联，接在 $U=12$V、$f=500$Hz 交流电

源上，求电路中的电流 I 及其与电源电压的相位差，并判断电路的性质。

2-15 试定性地画出如图 2-37 所示电路的相量图。

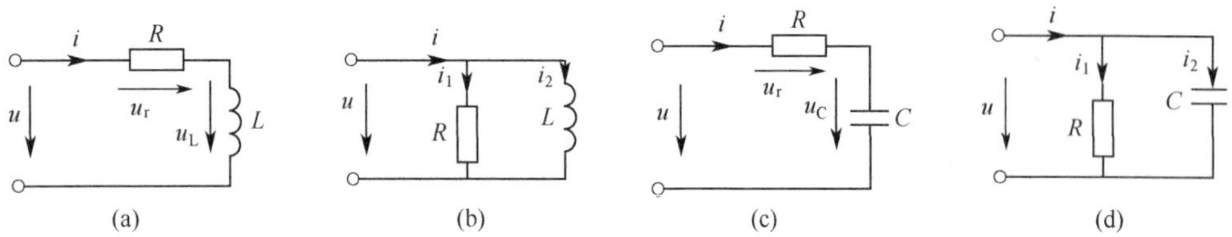

图 2-37 习题 2-15 图

2-16 日光灯等值电路，如图 2-38 所示。已知灯管电阻 $R=530\Omega$，镇流器电感 $L=1.9\mathrm{H}$，电阻 $R_1=120\Omega$，电源电压 $U=220\mathrm{V}$，频率 $f=50\mathrm{Hz}$。试求电路中电流 I、镇流器电压 U_1、灯管电压 U_2 及电路功率因数 $\cos\varphi$，画出相量图。

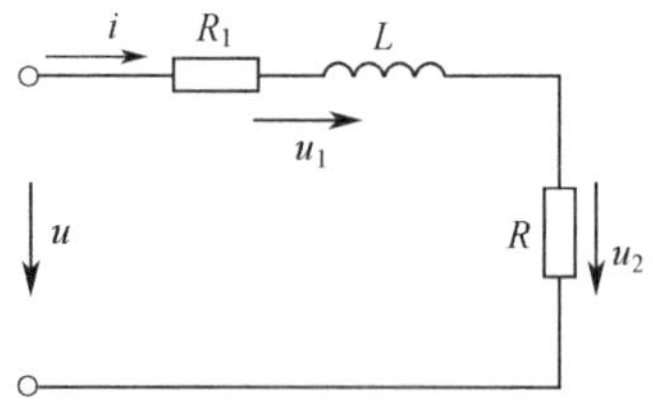

图 2-38 习题 2-16 图

2-17 如图 2-39 所示电路中，求电流 $\dot{I}$，试问电路发生了什么变化？

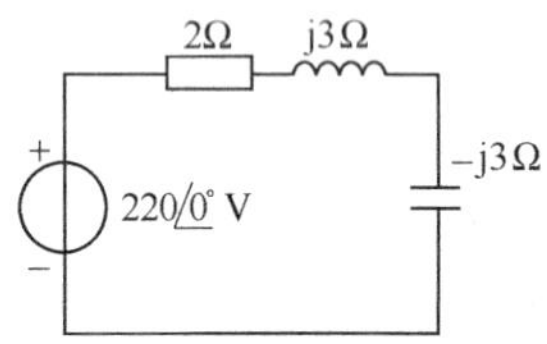

图 2-39 习题 2-17 图

2-18 并联谐振电路如图 2-40 所示，已知电流表 A_1、A_2 的读数分别为 13A 和 12A，试问电流表 A 的读数是多少？

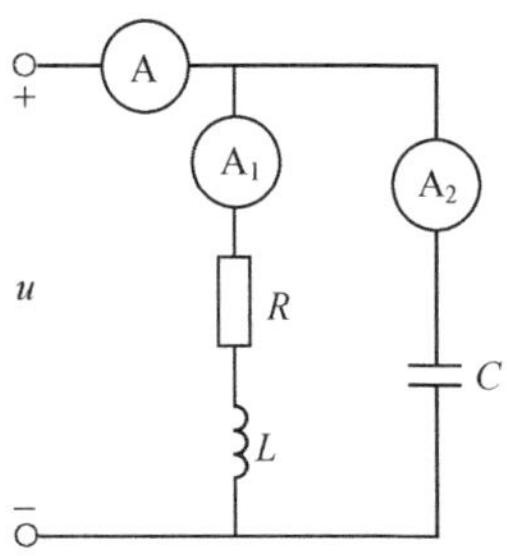

图 2-40 习题 2-18 图

2-19 串联谐振电路如图 2-41 所示，已知电压表 V_1、V_2 的读数分别为 150V 和 120V，试问电压表 V 的读数是多少？

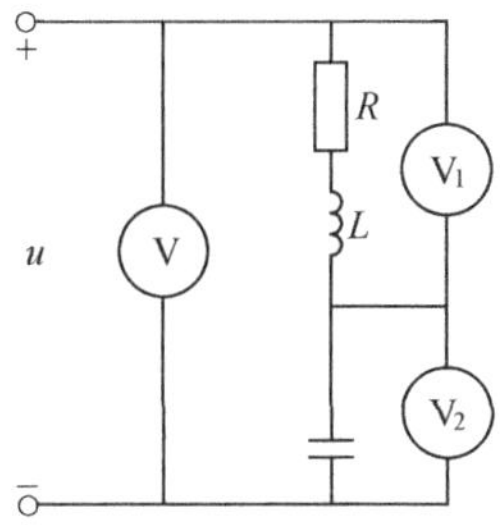

图 2-41 习题 2-19 图

2-20 如图 2-42 所示是移相电路。$C=0.01\mu F$，输入电压 $u_{in}=10\sqrt{2}\sin6280t$ V，欲使输出电压 u_o 比输入电压 u_{in} 超前 60°，电阻 R 应为多大？输出电压有效值为多少？

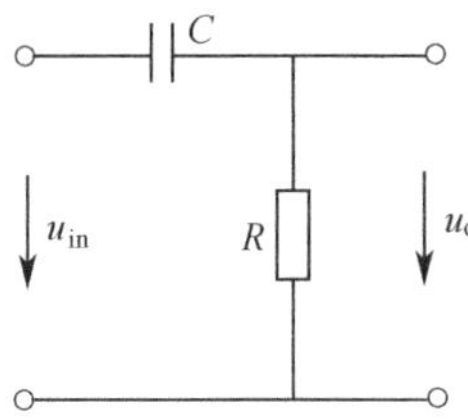

图 2-42 习题 2-20 图

2-21 如图 2-43 所示是移相电路，输出电压是从电容上取出。已知 $u_{in}=10\sqrt{2}\sin6280t$ V，$R=5.1k\Omega$，$C=0.01\mu F$。试求：①输出电压 u_o；②u_o 与 u_{in} 相位差角；③当电源频率变化时，试讨论其相位差随频率的变化规律。

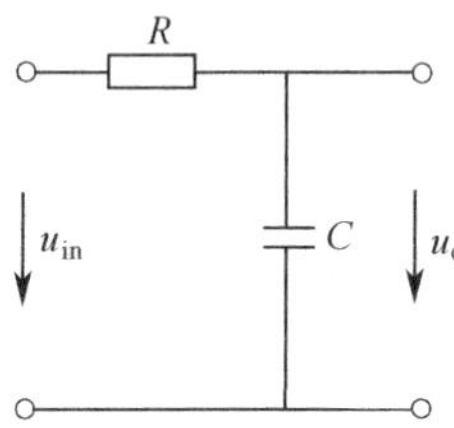

图 2-43 习题 2-21 图

2-22 将一感性负载接在 110V、50Hz 的交流电源上时，电路中的电流为 10A，消耗功率 $P=600W$，求负载的 $\cos\varphi$、R、X。

2-23 欲使功率为 40W、电压为 220V、电流为 0.65A 日光灯电路的功率因数提高到 0.92，应并联多大的电容器？

2-24 含 R、L 的线圈与电容 C 串联，已知线圈电压 $U_{RL}=50V$，电容电压 $U_C=30V$，总电压与电流同相，试问总电压是多大？

2-25 R、L、C 组成的串联谐振电路，已知 $U=10V$，$I=1A$，$U_C=80V$，试问电阻 R 多大？品质因数 Q 又是多大？

3 三相交流电路

三相交流供电系统在发电、输电和用电方面与单相相比有造价低、节省金属材料、性能好等许多优点，发电厂均以三相交流方式向用户供电。本章介绍三相交流电源的供电方式、三相负载用电的连接方式及三相电功率。

3.1 三相交流电源

由三个幅值相等、频率相同、相位互差 120°的单相交流电源所构成的电源称为三相电源。由三相电源构成的电路称为三相交流电路。目前，发电厂均以三相交流方式向用户供电。遇有单相负载时，可以使用三相中的任一相。

三相交流电源一般来自三相交流发电机或变压器副边的三相绕组。三相交流发电机的基本原理如图 3-1 所示。

发电机的固定部分称为定子，其铁芯的内圆周表面冲有沟槽，放置结构完全相同的三相绕组 U_1U_2、V_1V_2、W_1W_2。它们的空间位置互差 120°，分别称为 U 相、V 相、W 相。引出线的始端用 U_1、V_1、W_1 表示，末端用 U_2、V_2、W_2 表示。

转动的磁极称为转子。转子铁芯上绕有直流励磁绕组。当转子被原动机拖动作匀速转动时，三相定子绕组切割转子磁场而产生三相交流电动势。

若将三个绕组的末端 U_2、V_2、W_2 连在一起引出一根连线称为中性线（中性线接地时又称为零线），三个绕组的始端 U_1、V_1、W_1 分别引出的三根线称为端线 L_1、L_2、L_3（中性线接地时又称为火线），这种连接称为电源的星形连接，如图 3-2 所示。

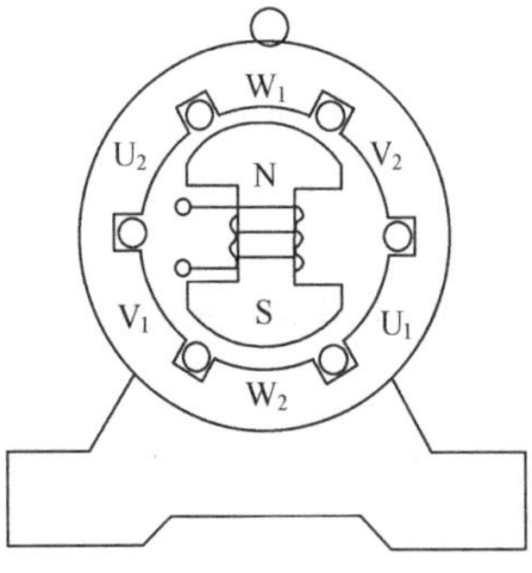

图 3-1 三相交流发电机原理图

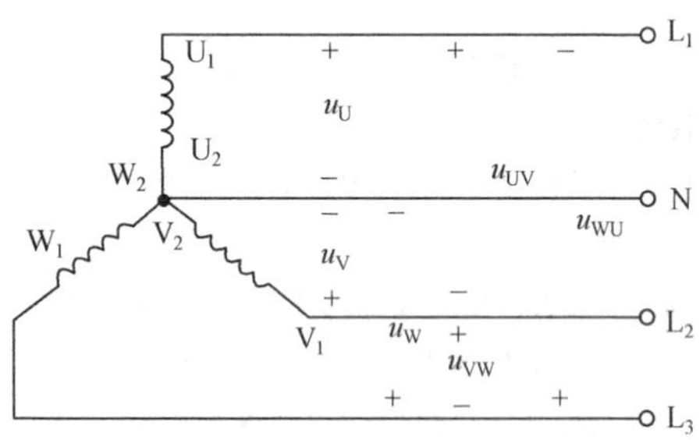

图 3-2 电源的星形连接

由三根端线和一根中性线所组成的供电方式称为三相四线制。只用三根端线组成的供电方式称为三相三线制。

电源每相绕组两端的电压称为电源相电压。参考方向规定为从绕组始端指向末端，用 u_U、u_V、u_W 表示。其有效值用 U_P 表示。

三相电源相电压的瞬时值表达式为

$$\left.\begin{aligned}u_U&=\sqrt{2}U_P\sin\omega t\\u_V&=\sqrt{2}U_P\sin(\omega t-120°)\\u_W&=\sqrt{2}U_P\sin(\omega t-240°)\end{aligned}\right\}\quad(3\text{-}1)$$

其波形图和相量图如图 3-3 所示。

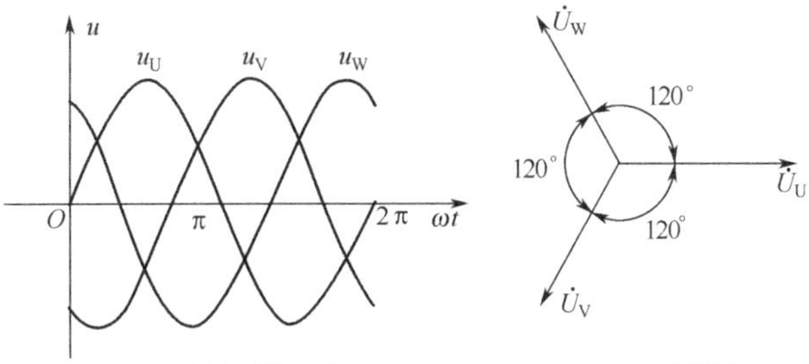

(a) 相电压的波形图　　(b) 相量图

图 3-3　三相电源相电压的波形图和相量图

电源任意两根端线之间的电压称为线电压，分别用 $u_{UV}\,u_{VW}\,u_{WU}$ 表示。其中的下角字母“UV”、“VW”、“WU”即为各电压的参考方向。线电压和相电压之间的关系为

$$\left.\begin{aligned}u_{UV}&=u_U-u_V\\u_{VW}&=u_V-u_W\\u_{WU}&=u_W-u_U\\\dot U_{UV}&=\dot U_U-\dot U_V\\\dot U_{VW}&=\dot U_V-\dot U_W\\\dot U_{WU}&=\dot U_W-\dot U_U\end{aligned}\right\}\quad(3\text{-}2)$$

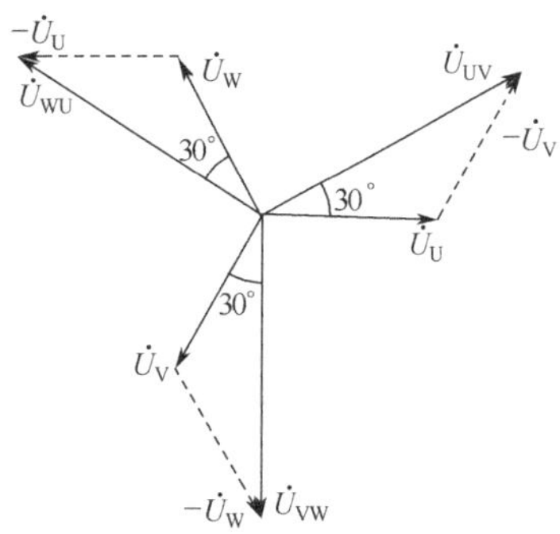

图 3-4　相电压与线电压的相量图

用相量法进行计算得三个线电压也是对称三相电压。如图 3-4 所示。用 U_L 表示线电压的有效值有

$$\left.\begin{aligned}u_{UV}&=\sqrt{2}U_L\sin(\omega t+30°)=\sqrt{6}U_P\sin(\omega t+30°)\\u_{VW}&=\sqrt{2}U_L\sin(\omega t-90°)=\sqrt{6}U_P\sin(\omega t-90°)\\u_{WU}&=\sqrt{2}U_L\sin(\omega t-210°)=\sqrt{6}U_P\sin(\omega t-210°)\end{aligned}\right\}\quad(3\text{-}3)$$

式（3-3）表明，三个线电压有效值相等，均为相电压有效值的$\sqrt{3}$倍。

即
$$U_L=\sqrt{3}U_P\quad(3\text{-}4)$$

线电压的相位导前对应的相电压相位 30°。线电压、相电压均为三相对称电压。

通常三相四线制低压供电系统线电压为 380V，相电压为 220V，可以提供两种电压供负载使用。一般常提到的三相供电系统的电源电压，都是指其线电压。

3.2　三相负载的连接

根据三相负载所需电压不同，三相负载有两种连接方式：星形（Y）和三角形（△）连接。

若负载所需的电压是电源的相电压，应当将负载接到端线与中线之间。如电照明负载、家用电器等。应当尽量将数量较多的负载平均分配到三相电源上，使三相电源得到均衡的利

用，这就构成了负载的星形连接。如图 3-5(a) 所示。

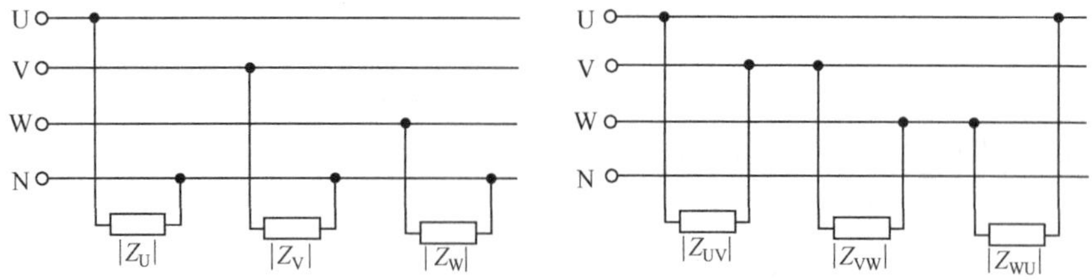

图 3-5 负载的星形、三角形连接

若负载所需的电压是电源的线电压，应当将负载接到端线与端线之间。如电焊机、功率较大的电炉等。应当尽量将数量较多的负载平均分配到三相电源上，这就构成了负载的三角形连接，如图 3-5(b) 所示。

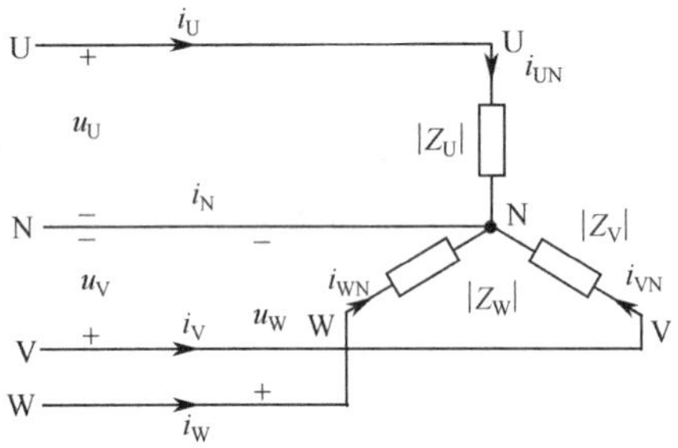

图 3-6 负载的星形连接

若三相电源上接入的负载完全相同，即阻抗值相同、阻抗角相等的负载，称为三相对称负载，如三相电动机、三相变压器等，它们均有三个完全相同的绕组。

3.2.1 负载的星形连接

图 3-6 为三相负载的星形连接。每相负载两端的电压是电源的相电压，每相负载中的电流称为相电流 I_P(I_{UN}、I_{VN}、I_{WN})；每根端线上的电流称为线电流 I_L(I_U、I_V、I_W)；中线上的电流称为线电流 I_N。

由图 3-6 可得各相负载电流的有效值为

$$I_{UN}=\frac{U_{UN}}{|Z_U|} \qquad I_{VN}=\frac{U_{VN}}{|Z_V|} \qquad I_{WN}=\frac{U_{WN}}{|Z_W|} \tag{3-5}$$

各端线电流等于对应的各相电流

$$\dot{I}_U=\dot{I}_{UN} \qquad \dot{I}_V=\dot{I}_{VN} \qquad \dot{I}_W=\dot{I}_{WN} \tag{3-6}$$

根据基尔霍夫定律得中线电流

$$i_N=i_{UN}+i_{VN}+i_{WN}=i_U+i_V+i_W \tag{3-7}$$

$$\dot{I}_N=\dot{I}_U+\dot{I}_V+\dot{I}_W \tag{3-8}$$

中性线电流的求取，分两种情况讨论。

(1) 对称三相负载

阻抗值相等、阻抗角相等且为同性质的负载即为三相对称负载。

$$|Z_U|=|Z_V|=|Z_W|=|Z_P| \tag{3-9}$$

$$\varphi_U=\varphi_V=\varphi_W=\varphi_P \tag{3-10}$$

$$\dot{I}_{UN}=\dot{I}_{VN}=\dot{I}_{WN}=\dot{I}_P \tag{3-11}$$

各相电流大小相等，相位依次互差 120°。其电流瞬时值代数和、相量和均为零。所得中线电流也为零。如图 3-7 所示。

$$i_N=i_{UN}+i_{VN}+i_{WN} \tag{3-12}$$

$$\dot{I}_N=\dot{I}_{UN}+\dot{I}_{VN}+\dot{I}_{WN}=0 \tag{3-13}$$

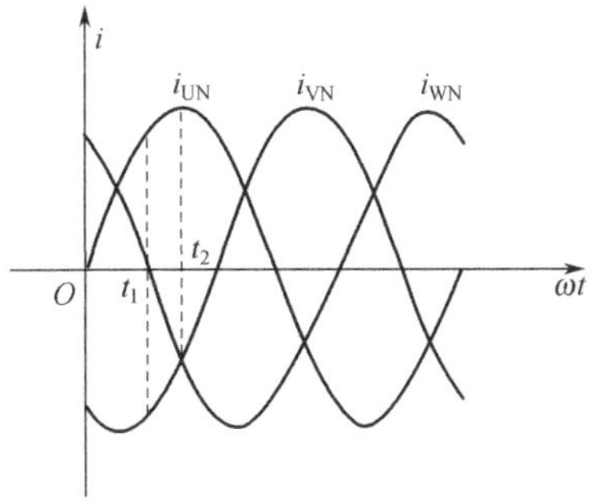

(a) 波形图

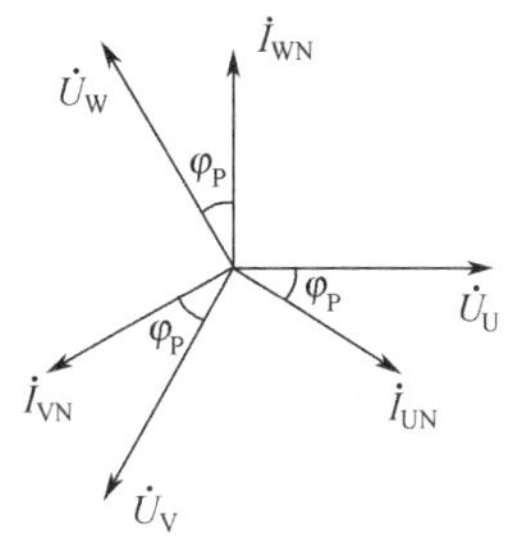

(b) 相量图

图 3-7 对称三相负载星形连接时电流波形图和相量图

因此，星形连接的三相对称负载，中性线可以省去，采用三相三线制供电。低压供电系统中的动力负载（电动机）就采用这样的供电方式。

(2) 不对称三相负载

当三相负载不对称时，中性线电流可以从相量图中或相量复数运算中分析求得。

【例 3-1】 如图 3-8 所示，三相负载 $R=X_L=X_C=22\Omega$，电源相电压 $U_P=220V$，求中线电流。

解 电阻负载上的电流和相位

$$I_1=\frac{U_P}{R}=\frac{220}{22}=10A$$

$$\varphi_1=0^\circ \text{（电流电压同相位）}$$

电感负载上的电流和相位

$$I_2=\frac{U_P}{X_L}=\frac{220}{22}=10A$$

$$\varphi_2=90^\circ \text{（电压超前电流 } 90^\circ\text{）}$$

电容负载上的电流和相位

$$I_3=\frac{U_P}{X_C}=\frac{220}{22}=10A$$

$$\varphi_3=90^\circ \text{（电流超前电压 } 90^\circ\text{）}$$

相量图如图 3-9 所示。

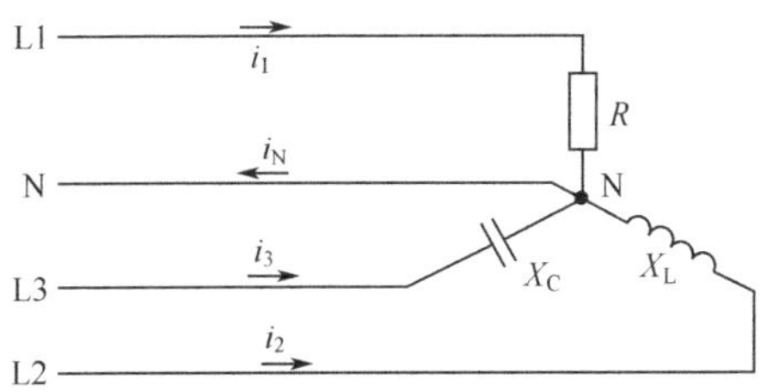

图 3-8 例 3-1 图

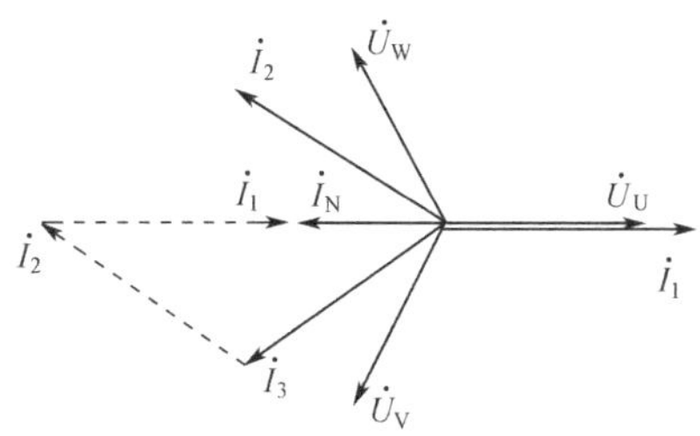

图 3-9 不对称三相负载中性线电流相量图

中性线电流

$$\dot{I}_N=\dot{I}_1+\dot{I}_2+\dot{I}_3=10\angle 0^\circ+10\angle 150^\circ+10\angle -150^\circ=10-8.66+j5-8.66-j5$$
$$=-7.3=7.3\angle 180^\circ$$

其有效值

$$I_N=7.3\text{A}$$

中性线电流 I_N 与相电流 I_1 相位相反。

可见，三相负载不对称时，中性线电流不为零，一定要采用三相四线制供电。

中性线的存在，保证了每相负载两端的电压是电源的相电压，并保证了三相负载能独立正常工作。即使各相负载有变化时都不会影响到其他相。如果此时中性线断开，中性线电流被切断，各相负载两端的电压会根据各相负载阻抗值的大小重新分配。有的相负载两端电压可能低于额定电压使负载不能正常工作；有的相负载两端电压可能高于额定电压而导致用电设备损坏。因此，中性线决不能断开，在中性线上也不能安装开关、熔断器等装置。

3.2.2 负载的三角形连接

图 3-10 为负载的三角形连接。每相负载两端的电压都是电源的线电压。各负载中流过的电流为负载的相电流，其有效值为

$$\left.\begin{aligned}I_{UV}&=\frac{U_{UV}}{|Z_{UV}|}\\I_{VW}&=\frac{U_{VW}}{|Z_{VW}|}\\I_{WU}&=\frac{U_{WU}}{|Z_{WU}|}\end{aligned}\right\}\tag{3-14}$$

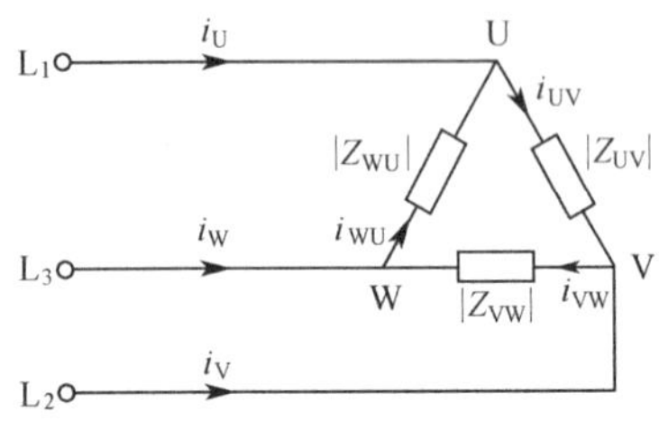

图 3-10 负载的三角形连接

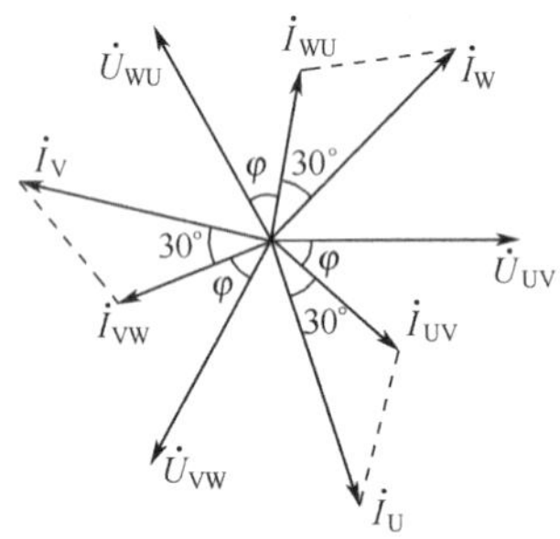

图 3-11 三相对称感性负载三角形连接时各相电流及各线电流的相量图

各端线电流与各相电流的关系为

$$\left.\begin{aligned}\dot{I}_U&=\dot{I}_{UV}-\dot{I}_{WU}\\\dot{I}_V&=\dot{I}_{VW}-\dot{I}_{UV}\\\dot{I}_W&=\dot{I}_{WU}-\dot{I}_{VW}\end{aligned}\right\}\tag{3-15}$$

假设三相负载为感性负载，每相负载上的电流均滞后对应的电压 φ 角，从图 3-11 中可作出各相电流及各线电流。

从相量图中可知，三个相电流和三个线电流均是数值相等、相位互差 120°的三相对称电流。可以证明，线电流等于$\sqrt{3}$倍的相电流，即

$$I_L=\sqrt{3}I_P\tag{3-16}$$

【例 3-2】 三相对称负载，每相 $R=6\Omega$，$X_L=8\Omega$，接到 $U_L=380\text{V}$ 的三相四线制电源

上，试分别计算负载作星形、三角形连接时的相电流、线电流。

解 负载作星形连接时，每相负载两端承受的是电源的相电压

有 $$U_{UN}=U_{VN}=U_{WN}=U_P=220V$$

每相负载的阻抗值 $$|Z|=\sqrt{R^2+X_L^2}=\sqrt{6^2+8^2}=10\Omega$$

相电流 $$I_P=\frac{U_P}{|Z|}=\frac{220}{10}=22A$$

线电流等于相电流 $$I_L=I_P=22A$$

负载作三角形连接时，每相负载两端承受的是电源的线电压

有 $$U_{UV}=U_{VW}=U_{WU}=U_L=380V$$

相电流 $$I_P=\frac{U_P}{|Z|}=\frac{380}{10}=38A$$

线电流等于$\sqrt{3}$倍相电流 $$I_L=\sqrt{3}I_P=\sqrt{3}\times38=66A$$

3.3 三相电路的功率

三相交流电路可以看成是三个单相交流电路的组合。因此，三相交流电路的有功功率P、无功功率Q均为各相电路有功功率、无功功率之和，而视在功率则是

$$S=\sqrt{P^2+Q^2} \tag{3-17}$$

当三相负载对称时，无论负载是星形连接还是三角形连接，电路的有功功率、无功功率均是每相负载的有功功率、无功功率的 3 倍。在实际中，线电流的测量比较容易，因此，三相功率的计算常用线电流I_L、线电压U_L表示。有

$$\left.\begin{aligned}P&=\sqrt{3}U_LI_L\cos\varphi_P\\Q&=\sqrt{3}U_LI_L\sin\varphi_P\\S&=\sqrt{P^2+Q^2}=\sqrt{3}U_LI_L\end{aligned}\right\} \tag{3-18}$$

式（3-18）中，$\cos\varphi$是每相负载的功率因数。

【例 3-3】 在例 3-2 中，计算出负载作星形、三角形连接时的有功功率、无功功率、视在功率。

解 负载星形连接时，$I_P=I_L=22A$，$U_L=380V$

$$\cos\varphi_P=\frac{R}{|Z|}=\frac{6}{10}=0.6$$

$$\sin\varphi_P=\frac{X_L}{|Z|}=\frac{8}{10}=0.8$$

$$P=\sqrt{3}U_LI_L\cos\varphi_P=\sqrt{3}\times380\times22\times0.6=8688W$$

$$Q=\sqrt{3}U_LI_L\sin\varphi_P=\sqrt{3}\times380\times22\times0.8=11584var$$

$$S=\sqrt{P^2+Q^2}=\sqrt{3}U_LI_L=\sqrt{3}\times380\times22=14480V\cdot A$$

负载三角形连接时 $I_P=38A$，$I_L=66A$，$U_L=380V$

$$P=\sqrt{3}U_LI_L\cos\varphi_P=\sqrt{3}\times380\times66\times0.6=26063W$$

$$Q=\sqrt{3}U_LI_L\sin\varphi_P=\sqrt{3}\times380\times66\times0.8=34752var$$

$$S=\sqrt{P^2+Q^2}=\sqrt{3}U_L I_L=\sqrt{3}\times 380\times 66=43400\text{V}\cdot\text{A}$$

小　　结

① 三相交流电源通常采用星形连接供电。电源的三个线电压、三个相电压均为对称三相电压。三相对称电压的最大值相等、角频率相同、互差 120°。相电压、线电压的有效值分别为 U_L、U_P，其关系式为 $U_L=\sqrt{3}U_P$。

② 三相负载的星形连接，每相负载两端的电压是电源的相电压 U_P；各端线上的线电流等于相电流；中线电流为三相电流之和，即 $\dot{I}_N=\dot{I}_U+\dot{I}_V+\dot{I}_W$ 当负载对称时，中线电流 $I_N=0$，中线可省去，采用三相三线制。负载不对称时，$I_N\neq 0$，中线一定不可省。

三相负载的三角形连接，每相负载两端的电压是电源的线电压 U_L，各个线电流是相邻两相电流之相量差，当负载对称时，$I_L=\sqrt{3}I_P$。

③ 三相电功率不对称负载时，有功功率为各相有功功率之和，即

$$P=P_U+P_V+P_W$$

无功功率为各相无功功率之和，即

$$Q=Q_U+Q_V+Q_W$$

视在功率 $S=\sqrt{P^2+Q^2}$

对称负载时

$$P=\sqrt{3}U_L I_L\cos\varphi_P$$

$$Q=\sqrt{3}U_L I_L\sin\varphi_P$$

$$S=\sqrt{P^2+Q^2}$$

思考题与习题

3-1　三相交流电源作星形连接，若其相电压为 380V，线电压为多少？若线电压 380V，相电压为多少？

3-2　根据三相交流电源相电压与线电压的关系，若已知相电压 $u_{VN}=220\sqrt{2}\sin(100\pi t+10°)$V，试写出三个线电压、两个相电压的表达式。

3-3　三相负载的阻抗值相等，是否就可以肯定它们一定是三相对称负载？

3-4　三相对称负载作星形连接，试从波形图、相量图验证中线电流等于零。

3-5　一台三相交流发电机绕组作星形连接，相电压为 220V，接好后用电压表测量，结果如下：三个相电压都是 220V，但线电压 $U_{UV}=U_{VW}=220$V，$U_{WU}=380$V，试分析可能何处接错？

3-6　如图 3-12 所示，三只额定电压为 220V、功率 40W 的白炽灯，作星形连接在线电压为 380V 的三相四线制电源上，若将端线 L_1 上的开关 S 闭合和断开，对 L_2、L_3 两相的白炽灯亮度有无影响？若取消中线成为三相三线制，L_1 线上的开关 S 闭合和断开，通过各相灯的电流各是多少？

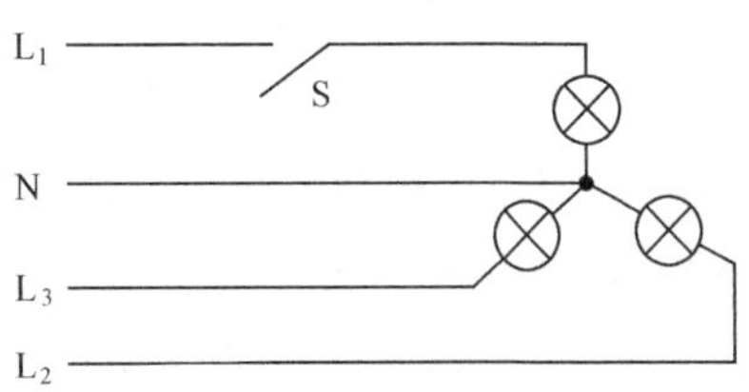

图 3-12　习题 3-6 图

3-7　三相对称负载，每相 $R=5\Omega$、$X_L=5\Omega$，接在线电压为 380V 的三相电源上，求三相负载星形、三角形连接时，相电流、线电流、三相有功功率、三相无功功率各是多少？

3-8　某三相电阻炉，每相电阻均为 $R=10\Omega$，额定电压为 380V。三相电源线电压为 380V，求：

① 当电炉接成三角形时，相电流、线电流及总有功功率各是多少？

② 为调节炉温，将三相电炉中的一相电炉丝断开，这时各相电流、线电流及总有功功率各是多少？

③ 在同一电源上把电炉丝接成星形，此时相电流、线电流及总有功功率各是多少？

3-9　三相异步电动机在线电压为 380V 的情况下作三角形连接运转，当电动机耗用功率为 6.55kW 时，其功率因数为 0.79，求电动机的相电流、线电流。

4 暂态过程分析

前面几章研究的都是电路在稳定状态下的基本概念、基本理论和基本分析方法。而电路常常是从一种稳定状态变化到另一种稳定状态的。如图 4-1，灯泡和电感线圈串联的电路，开关 S 断开时，电路处于一种稳定状态，开关 S 闭合后灯泡正常发光又是一种稳定状态。但在开关 S 从断开到闭合的瞬间会发现灯泡是由暗逐渐变亮最终稳定发光。电路从一种稳定状态变化到另一种稳定状态所经历的过程称为暂态过程（或过渡过程）。

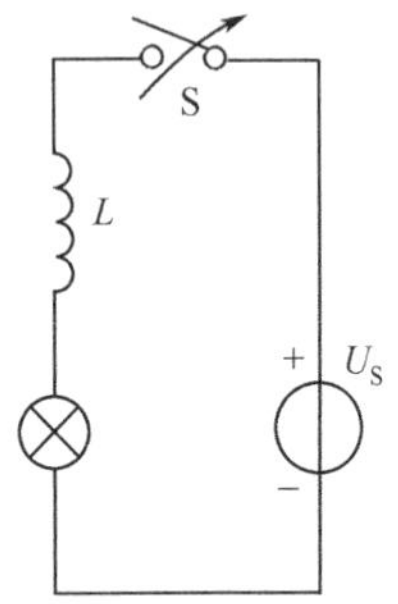

图 4-1 暂态过程

电路在暂态过程中会出现过电压或过电流现象，有时会损坏电气设备，造成严重事故，因此分析电路的暂态过程目的在于掌握规律以便在工作中用其“利”克其“弊”。

本章主要讲解换路瞬间遵循的换路定律，并能运用三要素法描述 RC、RL 一阶线性电路在换路后各电量随时间的变化规律。

4.1 初始值的确定

如图 4-2 所示，两个并联支路分别为电感线圈和灯泡串联、电阻和灯泡串联。当开关 S 闭合瞬间，发现电感支路的灯泡是由暗逐渐变亮，而电阻支路的灯泡却立即变亮，其亮度不再变化，说明电感支路经历了暂态过程，而电阻支路则没有发生暂态过程。从上述两个灯泡亮度变化观察可以总结如下：①开关闭合是产生暂态过程的外因；②储能元件电感（或电容）是产生暂态过程的内因。

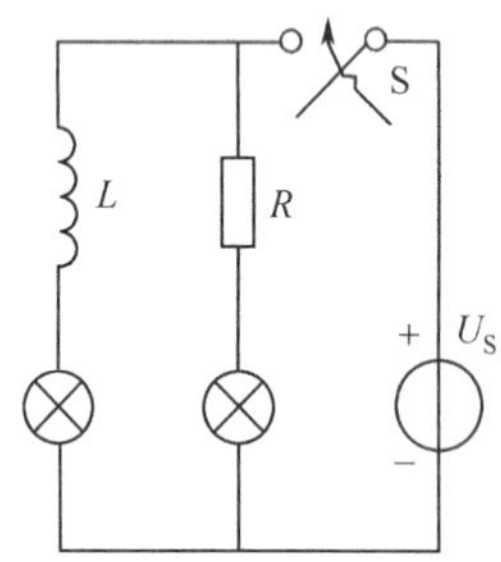

图 4-2 观察暂态过程的实验电路

4.1.1 换路定律

电路与电源接通、断开、或电路参数、结构改变称为换路。用 $t=0$ 表示换路时刻；用 $t=0_-$ 表示换路前的终了时刻；用 $t=0_+$ 表示换路后的初始时刻。换路定律是指换路时电容电压和电感电流的变化规律。

（1）换路瞬间电容上的电压不能突变

即
$$u_C(0_+)=u_C(0_-) \tag{4-1}$$

（2）换路瞬间电感上的电流不能突变

即
$$i_L(0_+)=i_L(0_-) \tag{4-2}$$

换路定律实质上反映了储能元件所储存的能量不能突变。因为电容和电感所储存的能量分别为 $\frac{1}{2}cu_C{}^2$ 和 $\frac{1}{2}Li_L^2$，电容电压 u_C 和电感电流 i_L 的突变意味着元件所储存的能量的突变。而能量 W 的突变要求电源提供的功率 $p=\frac{dw}{dt}$ 趋于无穷大，这是不可能的。因此，电容电压和电感电流不能突变，只能是连续变化。

4.1.2 初始值的确定

(1) 电容电压和电感电流的初始值 $u_C(0_+)$ 和 $i_L(0_+)$ 的确定

根据 $t=0_-$ 时的等效电路，求出该时刻电容上的电压 $u_C(0_-)$ 或电感上的电流 $i_L(0_-)$。根据换路定律求出 $t=0_+$ 时的电压 $u_C(0_+)$ 和 $i_L(0_+)$。

(2) 电路中除电容电压和电感电流之外的电流和电压的初始值的确定

运用基尔霍夫定律或所学过的电路的分析计算方法对 $t=0_+$ 的等效电路进行分析计算。特别注意，电阻中的电流、电压，电容上的电流、电感上的电压在换路时是可以跃变的。表4-1给出了电阻、电感、电容在换路时的等效电路。

表 4-1 电阻、电感、电容在换路时的等效电路

$t=0_-$ 时的等效电路	$t=0_+$ 时的等效电路
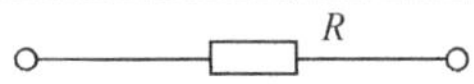	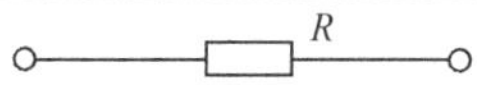
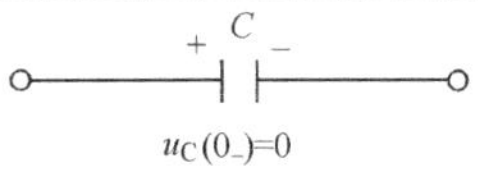	
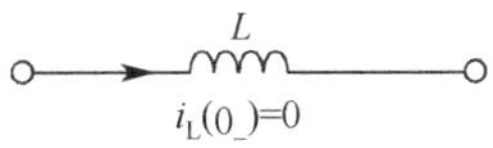	
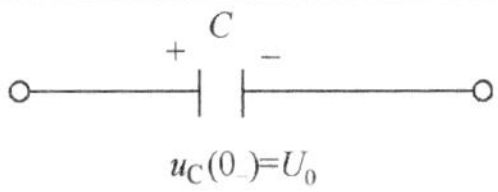	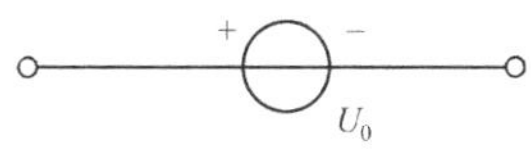
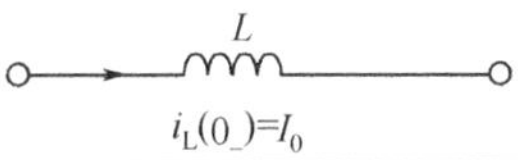	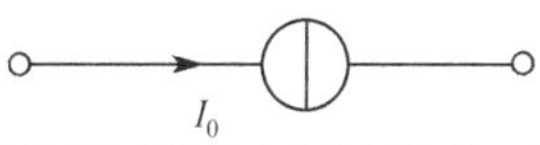

【例 4-1】 在图 4-3(a) 电路中，$U_S=10V$，$R_1=30k\Omega$，$R_2=20k\Omega$，$R_3=40k\Omega$，$C=1\mu F$，$L=1H$，开关S闭合前电路已处于稳态，试求开关S闭合后电路的初始值 $u_C(0_+)$、$i_L(0_+)$、$i_1(0_+)$、$i_2(0_+)$、$i_C(0_+)$、$u_L(0_+)$ 各为多少。

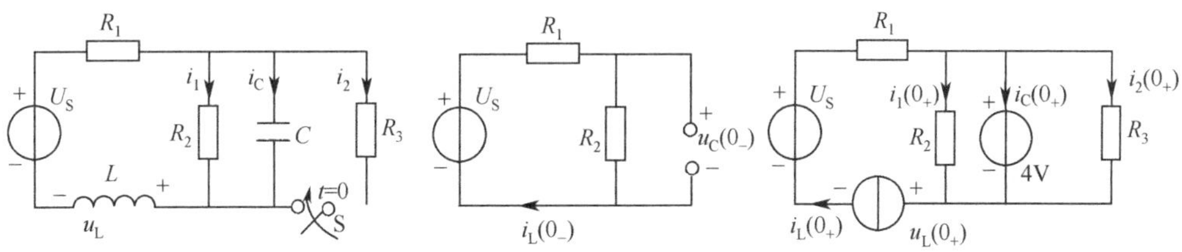

(a) (b) (c)

图 4-3 例 4-1 图

解 ① 先求出电容电压和电感电流的初始值。

开关S闭合前，电感对直流电源相当于短路；电容对直流电源相当于开路，其等效电路如图 4-3(b) 所示。因而

$$u_C(0_-)=\frac{U_S}{R_1+R_2}\times R_2=\frac{10}{(30+20)\times 10^3}\times 20\times 10^3=4V$$

$$i_L(0_-)=\frac{U_S}{R_1+R_2}=\frac{10}{(30+20)\times 10^3}=0.2mA$$

根据换路定律有

$$u_C(0_+)=u_C(0_-)=4\text{V}$$
$$i_L(0_+)=i_L(0_-)=0.2\text{mA}$$

② 换路后瞬间，电容相当于一个 4V 的电压源，电感相当于一个 0.2mA 的电流源，等效电路如图 4-3(c) 所示。应用直流电路的分析方法有

$$i_1(0_+)=\frac{4}{R_2}=\frac{4}{20\times10^3}=0.2\text{mA}$$
$$i_2(0)=\frac{4}{R_3}=\frac{4}{40\times10^3}=0.1\text{mA}$$
$$i_C(0_+)=i_L(0_+)-i_1(0_+)-i_2(0_+)=0.2-0.2-0.1=-0.1\text{mA}$$
$$u_L(0_+)=U_S-i_L(0_+)R_1-u_C(0_+)=10-0.2\times30-4=0\text{V}$$

【例 4-2】 在图 4-4 电路中，设开关 S 原来是断开的，现将它合至触点 A，试求此瞬间电感中的电流和电感两端的电压；开关 S 合至触点 A 相当长时间后，立即合至触点 B，试求此时电压表上的电压。

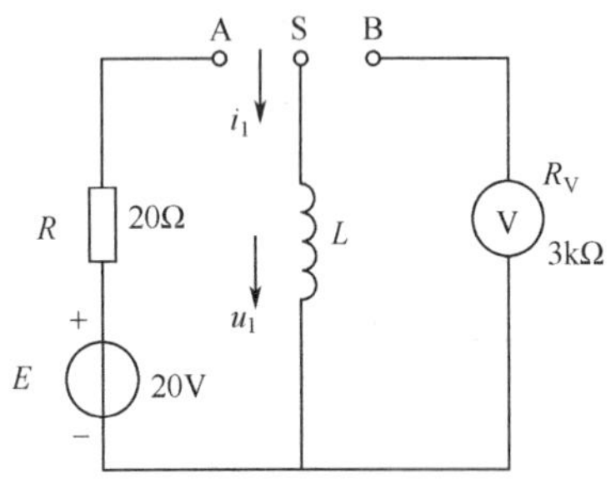

图 4-4 例 4-2 图

解 ① 开关 S 合至触点 A 时发生暂态过程，根据换路定律有

$$i_L(0_+)=i_L(0_-)=0\text{A}$$

根据 KVL 有 $U_L(0_+)=E=20\text{V}$

② 开关 S 合至触点 A 相当长时间后电路已稳定，此时电感对直流电源相当于短路。

$$i_L=\frac{E}{R}=\frac{20}{20}=1\text{A}$$

此时将开关 S 合至触点 B，则发生另一暂态过程。根据换路定律

$$i_L(0_+)=i_L(0_-)=1\text{A}$$

此时瞬间电压表的电压为

$$U_L=I_LR_V=1\times3000=3000\text{V}$$

由此例看出，当断开有电感元件的电路瞬间，将产生很高的电压。在实际工作中一定要考虑。

4.2 一阶电路的三要素

电路中只含电感 L 或电容 C 一个线性储能元件，根据基尔霍夫定律列出的电路微分方程是一阶线性方程，该电路称为一阶电路。分析一阶 RC 或 RL 电路在换路时电路中各电量随时间变化的规律常采用三要素法，其一般性形式为

$$f(t)=f(\infty)+[f(0_+)-f(\infty)]e^{-\frac{t}{\tau}} \tag{4-3}$$

式中 $f(t)$——代表不同的电量值；

$f(\infty)$——代表换路后该电量的稳态值，即过渡过程经历 $t\to\infty$ 时的值，电路处于稳态时，电容器对直流电源相当于开路，电感对于直流电源相当于短路；

$f(0_+)$——代表该电量换路后的初始值。即 $t=0_+$ 时的值。对于 $u_C(0_+)$ 和 $i_L(0_+)$ 可根据换路定律求得，不遵循换路定律的各电量可根据直流电路中的分析方法求得；

τ——时间常数，在 RC 电路中，$\tau=RC$；在 RL 电路中，$\tau=\frac{L}{R}$。在具有多个电阻的 RC（或 RL）电路中，应将 C（或 L）两端的其余电路用等效电源定理，其等效电阻为求 τ 时所用的电阻 R。

【例 4-3】 在图 4-5(a)中，已知 $U_S=5V$，$C=0.2\mu F$，$R_1=R_2=3\Omega$，$R_3=2\Omega$，开关 S 原来在 A 位置，电路处于稳态，$t=0$ 时开关 S 由 A 切换到 B，试求电容上电压 $u_C(t)$。

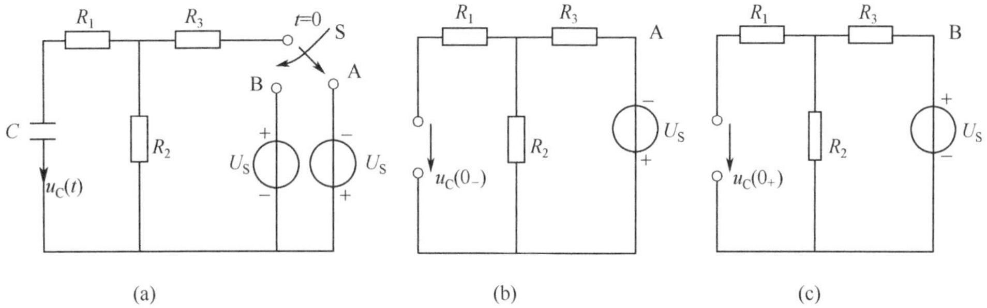

图 4-5　例 4-3 图

解　① 换路后电容器上的电压的初始值 $u_C(0_+)$

换路前，电路处于稳态，其等效电路如图 4-5(b) 所示。

$$u_C(0_-)=\frac{-U_S}{R_2+R_3}\times R_2=\frac{-5}{3+2}\times 3=-3V$$

由换路定律得　$u_C(0_+)=u_C(0_-)=-3V$

② 换路后电容器上的电压的稳态值 $u_C(\infty)$

$$u_C(\infty)=\frac{U_S}{R_2+R_3}\times R_2=\frac{5}{3+2}\times 3=3V$$

换路后稳态电路等效如图 4-5(c) 所示。

③ 时间常数

换路后，从电容器两端看进去的等效电阻（电压源短路）为

$$R_0=R_1+\frac{R_2R_3}{R_2+R_3}=3+\frac{3\times 2}{3+2}=4.2\Omega$$

时间常数　$\tau=R_0C=4.2\times 0.2\times 10^{-6}=0.84\times 10^{-6}=0.84\mu s$

④ 求 $u_C(t)$

根据一阶电路三要素法得 $u_C(t)$ 的曲线如图 4-6 所示。

$$u_C(t)=u_C(\infty)+[u_C(0_+)-u_C(\infty)]e^{-\frac{t}{\tau}}$$
$$=3+(-3-3)e^{-\frac{t}{0.84\times 10^{-6}}}$$
$$=3-6e^{-1.19\times 10^6 t}\ V$$

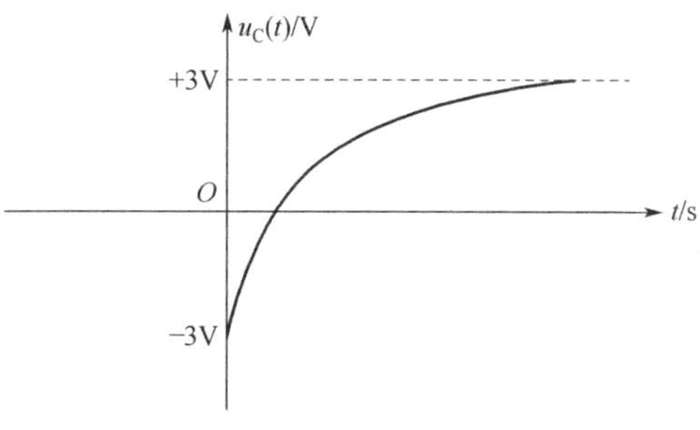

图 4-6　$u_C(t)$ 曲线

【例 4-4】 在图 4-7 (a) 中，$t=0$ 时开关 S 闭合，闭合前电路已达稳态。求开关 S 闭合后电感电流 $i_L(t)$ 和电压 $u_L(t)$。已知 $U_S=10V$，$R_1=3k\Omega$，$R_2=2k\Omega$，$L=10mH$。

解　① 开关 S 闭合后电感上的电压 $u_L(0_+)$ 和电流 $i_L(0_+)$

开关 S 闭合前，电路处于稳态，其等效电路如图 4-7(b) 所示。

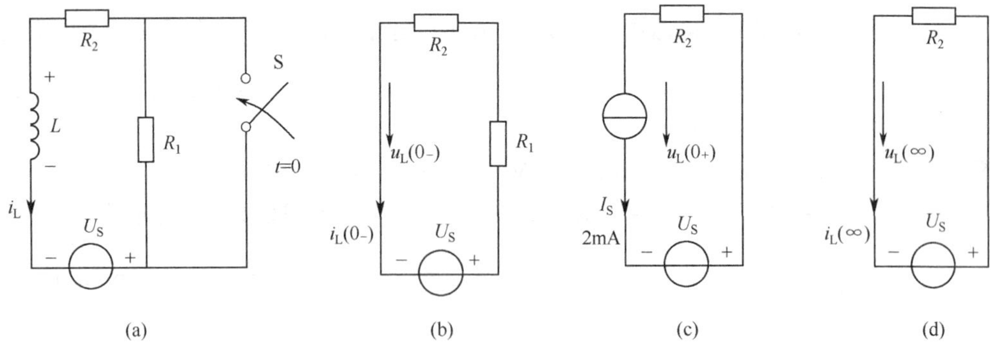

图 4-7　例 4-4 图

$$i_L(0_-)=\frac{U_S}{R_1+R_2}=\frac{10}{5\times10^3}=2\text{mA}$$

根据换路定律有

$$i_L(0_+)=i_L(0_-)=2\text{mA}$$

则开关 S 闭合后的初始状态的等效电路如图 4-7(c) 所示。

$$u_L(0_+)=U_S-I_SR_2$$
$$=10-2\times2=6\text{V}$$

② 求开关 S 闭合后电感上电压和电流的稳态值 $u_L(\infty)$ 和 $i_L(\infty)$

开关 S 闭合后，稳态电路等效如图 4-7(d) 所示。

$$i_L(\infty)=\frac{U_S}{R_2}=\frac{10}{2\times10^3}=5\text{mA}$$

$$u_L(\infty)=0\text{V}$$

③ 求时间常数 τ

图 4-7(a) 中，开关 S 闭合后，从电感两端看进去的等效电阻为

$$R_0=R_2$$

时间常数 $\tau=\dfrac{L}{R}=\dfrac{10\times10^{-3}}{2\times10^3}=5\times10^{-6}\text{s}$

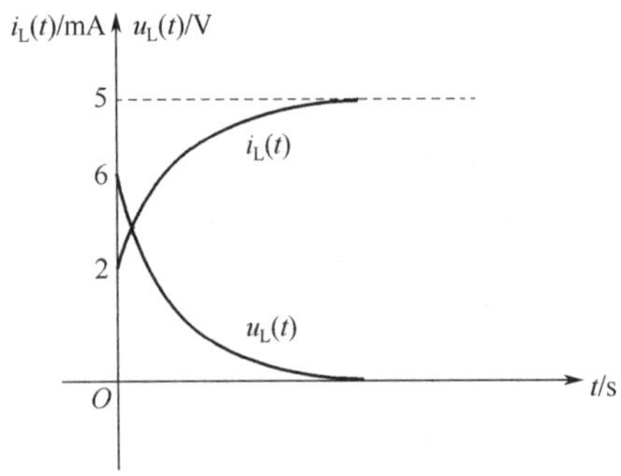

图 4-8　$i_L(t)$ 与 $u_L(t)$ 曲线

④ 求 $i_L(t)$ 和 $u_L(t)$

根据三要素法有

$$i_L(t)=i_L(\infty)+[i_L(0_+)-i_L(\infty)]e^{-\frac{t}{\tau}}$$
$$=5+(2-5)e^{-\frac{t}{5\times10^{-6}}}$$
$$=5-3e^{-2\times10^5t}\text{mA}$$
$$u_L(t)=u_L(\infty)+[u_L(0_+)-u_L(\infty)]e^{-\frac{t}{\tau}}$$
$$=0+(6-0)e^{-\frac{t}{5\times10^{-6}}}$$
$$=6e^{-2\times10^5t}\text{V}$$

⑤ $i_L(t)$ 与 $u_L(t)$ 的曲线如图 4-8 所示。

小　　结

① 含有储能元件的电路发生换路时，由于储能元件上的能量不能跃变，因而产生电路

的过渡过程。换路定律是指电容上的电压和电感上的电流在换路时不能跃变。即

换路定律：

$$u_C(0_+)=u_C(0_-)$$
$$i_L(0_+)=i_L(0_-)$$

利用换路定律可以确定换路瞬间储能元件的初始值。再根据基尔霍夫定律求出电路中其他电压、电流的初始值。

② RC、RL 一阶电路的过渡过程可以用三要素法求解。三要素法能清晰地反映出在换路后电路中各电量随时间变化的规律。

$$f(t)=f(\infty)+[f(0_+)-f(\infty)]e^{-\frac{t}{\tau}}$$

式中 $f(t)$——不同的电量值；

$f(\infty)$——换路后该电量的稳态值；

$f(0_+)$——该电量换路后的初始值；

τ——时间常数。在 RC 电路中，$\tau=RC$；在 RL 电路中，$\tau=\frac{L}{R}$。在具有多个电阻的 RC（或 RL）电路中，应将 C（或 L）两端的其余电路作戴维南等效，其等效电阻为求 τ 时所用的电阻 R。

思考题与习题

4-1 在图 4-9 所示电路中，确定开关 S 断开瞬间的 u_C、i_C、i_1、和 i_2 的初始值。S 断开前电路已处于稳态。

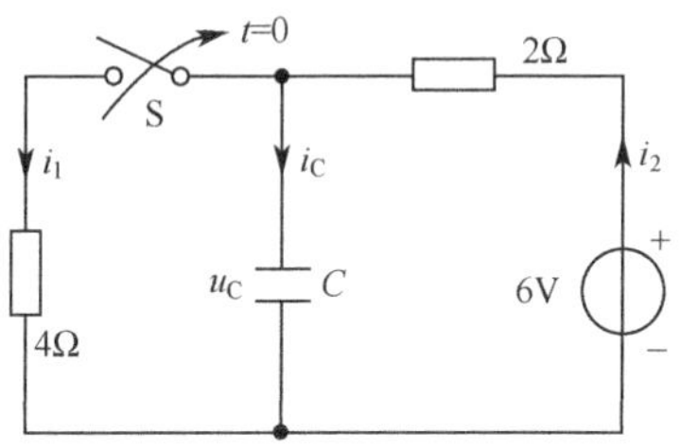

图 4-9 习题 4-1 图

4-2 在图 4-10 所示电路中，$U_1=6V$，$U_2=3V$，$R_1=3\Omega$，$R_2=5\Omega$，$C=1\mu F$，$L=0.5H$，在 $t=0$ 时开关 S 打开，打开前电路处于稳定状态，求换路后 i_1、i_2、i_L、u_C，u_L 的初始值。

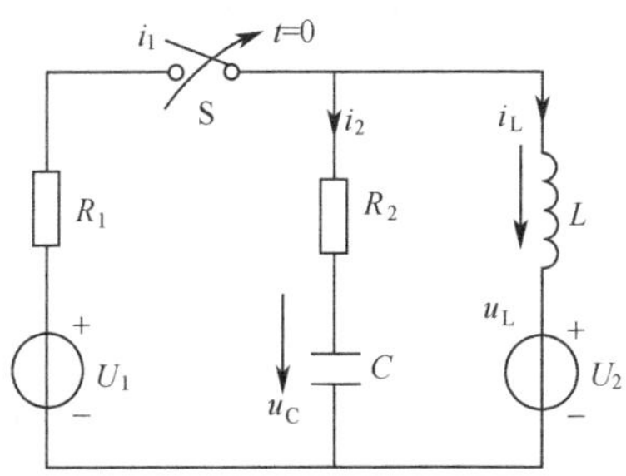

图 4-10 习题 4-2 图

4-3 图 4-11 所示电路中，开关 S 原在“1”位置，电路已处于稳态。在 $t=0$ 时合至“2”位置，试求换路瞬间 i_1、i_2、i_L 及 u_L 的初始值。

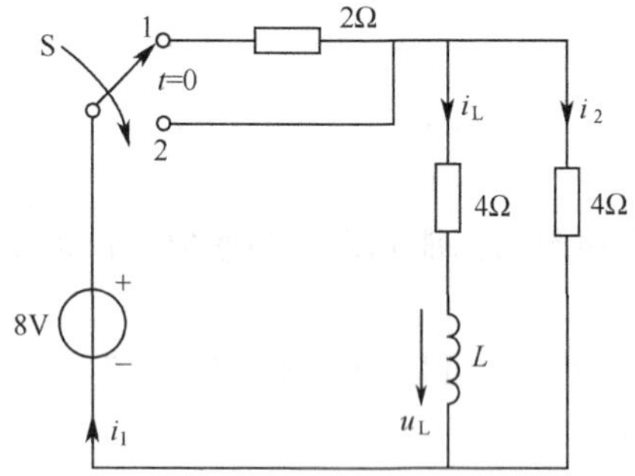

图 4-11　习题 4-3 图

4-4　在图 4-12 所示电路中，已知 $R=6\Omega$，电压表内阻为 3kΩ，电源电压为 9V，试求开关 S 断开瞬间电压表两端的电压。换路前电路已处于稳态。

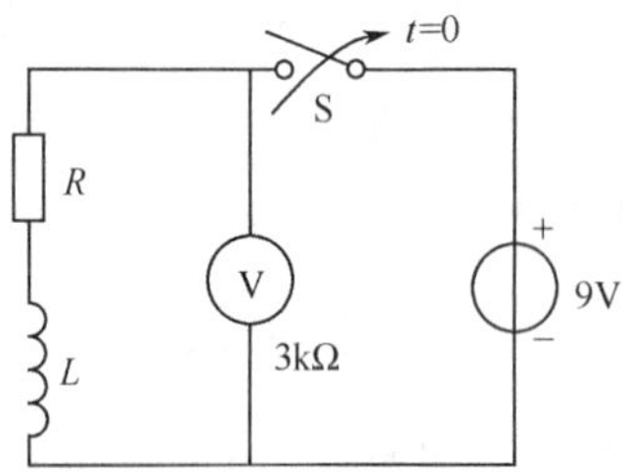

图 4-12　习题 4-4 图

4-5　在图 4-13 所示电路中，$R_1=2\Omega$，$R_2=3\Omega$，$U=10$V，$L=0.1$H，$t=0$ 时 S 闭合，闭合前电路已达到稳态，求闭合后 $i(t)$。

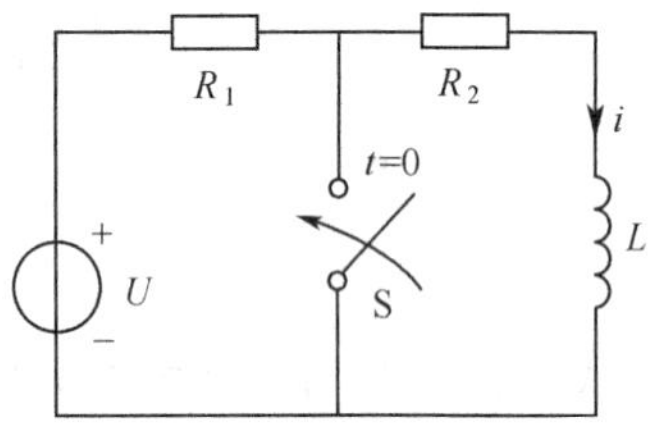

图 4-13　习题 4-5 图

4-6　图 4-14 所示电路中，已知 $U=20$V，$R_1=10$kΩ，$C=0.1\mu$F，$R_2=20$kΩ，开关 S 在 $t=0$ 时闭合，闭合前电路已处于稳态，求 $u_C(t)$。

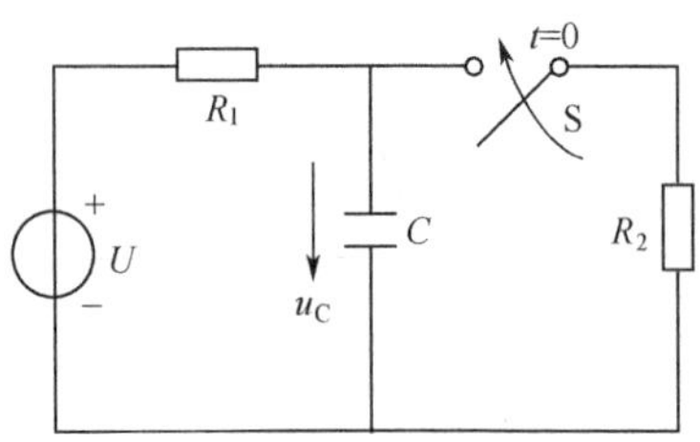

图 4-14　习题 4-6 图

4-7 图 4-15 所示电路中，求换路后的 $u_C(t)$，设 $u_C(0)=0$。

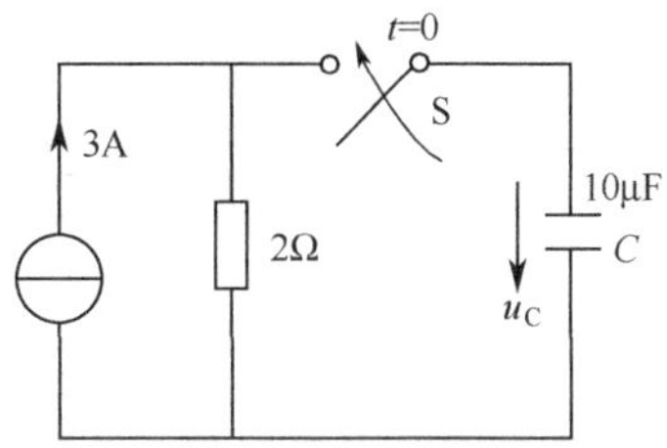

图 4-15 习题 4-7 图

5 变 压 器

变压器是利用电磁感应原理，变换交流电能的静止电器。本章主要介绍变压器的用途、基本结构、变换特性及额定值。了解几种常用变压器。

5.1 磁路的基本概念

5.1.1 铁磁材料

实验证明，一个带铁芯的通电线圈产生的磁场远远强于空心时产生的磁场。其原因是铁芯自身有自然磁性小区域，称为磁畴。在没有外磁场作用时，各个磁畴的磁场方向总体上是不规则的，宏观不显磁性，如图 5-1(a) 所示。而带铁芯的通电线圈，铁芯中的磁畴沿外磁场作定向排列，产生附加磁场，最终使通电线圈的磁场显著增强，如图 5-1(b) 所示。这种现象称为磁化。能被磁化的材料称铁磁材料。除铁之外，还有钴、镍以及它们的合金和氧化物。

假定一个线圈的结构、形状、匝数不变，线圈中的磁通量为 Φ，流入线圈的电流为 I，铁芯的磁化过程用图 5-2 来描述。

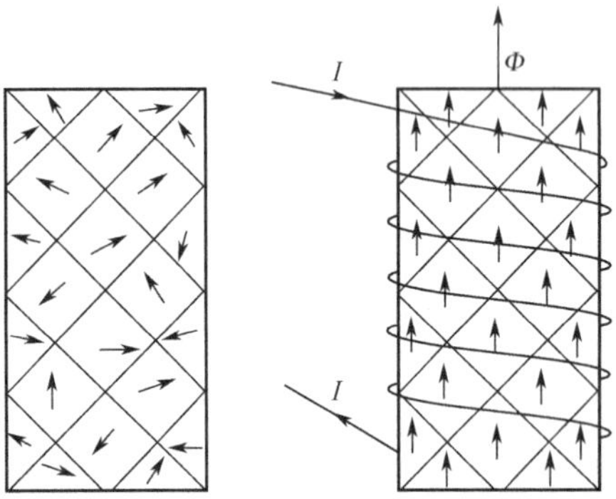

(a) (b)

图 5-1 磁畴和铁芯的磁化

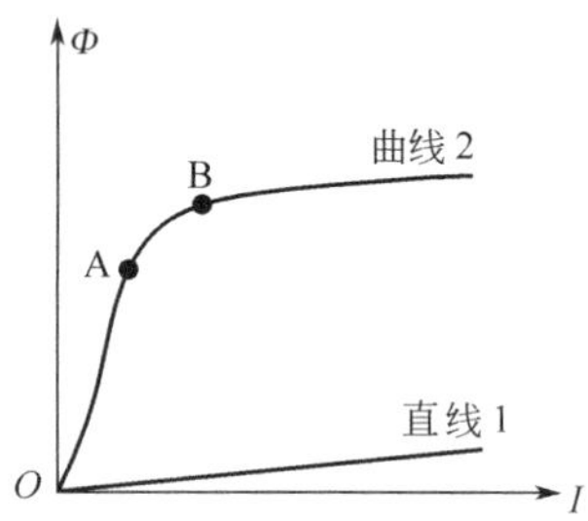

图 5-2 磁化过程

直线 1 表示空芯线圈时的情况，曲线 2 表示线圈中放入铁芯时的情况，该曲线称为磁化曲线。表 5-1 将上述两种情况进行比较说明。

表 5-1 磁化过程说明

直线 1	I 与 Φ 成正比且增加率较小	
曲线 2（即磁化曲线）	OA 段	大部分磁畴的磁场沿外磁场方向排列，Φ 与 I 成正比且增加率较大
	AB 段	所有磁畴的磁场最终都沿外磁场的方向排列，铁芯磁场从未饱和状态过渡到饱和状态
	B 点以后	称饱和状态，铁芯的增磁作用已到达极限，同直线 1

各种电机、电器线圈中放入铁芯用以增强磁场，其最大工作磁通选在磁化曲线的 AB 段。其目的是用较小的电流就能产生较强的磁场，充分利用了铁芯的增磁作用。

5.1.2　磁路

由铁芯制成，使磁通集中通过的回路称磁路，如图 5-3 所示。铁芯中的磁通 Φ 称为主磁通。少量磁通通过周围空气构成回路称为漏磁通，可忽略不计。

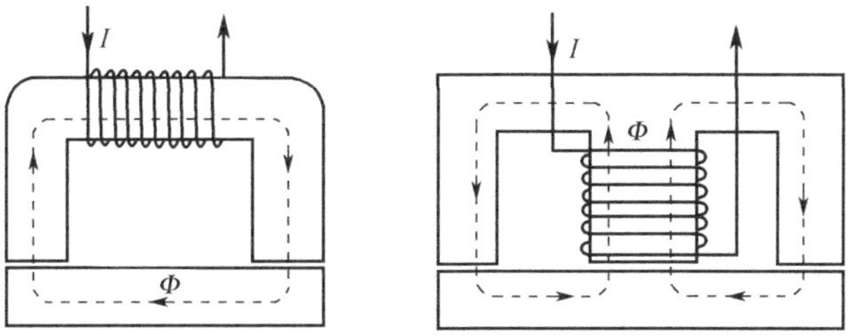

图 5-3　磁路

若用 Φ 表示磁通，线圈中电流有效值 I 与线圈匝数 N 的乘积表示磁动势，R_M 表示磁阻。磁路与电路对照如表 5-2。

表 5-2　磁路与电路对照表

磁　　路	电　　路
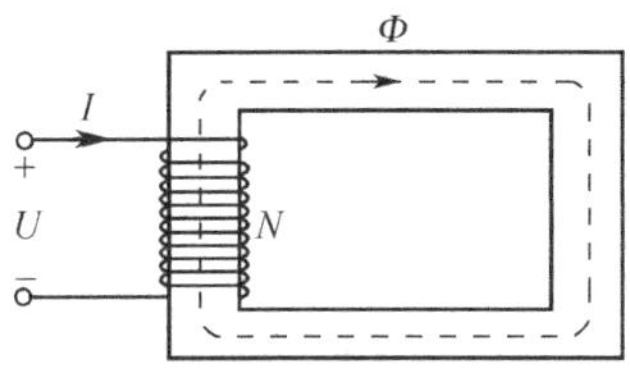	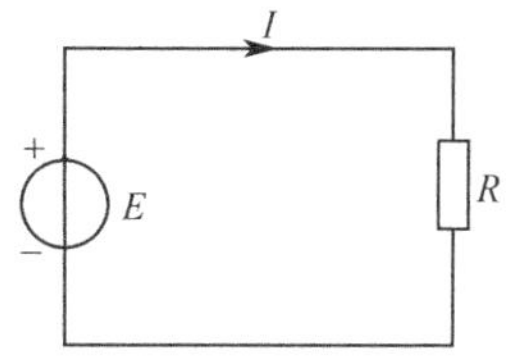
磁通 Φ	电流 I
磁动势 IN	电动势 E
磁阻 R_M	电阻 R
磁路欧姆定律 $\Phi=IN/R_M$	电路欧姆定律 $I=E/R$

表中磁阻 R_M 表示物质对磁通具有的阻碍作用，不同物质的磁阻不同。若铁芯中存在空气隙，磁阻 R_M 会增大许多。磁路的欧姆定律只适用于铁芯非饱和状态。

5.1.3　磁滞现象

当铁芯线圈通入交流电时，铁芯中的磁畴会随交流电的变化而被反复磁化。但由于磁畴本身存在“惯性”，使得磁通的变化滞后于电流的变化。这种现象称为磁滞。反复磁化形成的封闭曲线称为磁滞回线，如图 5-4 所示。

外磁场不断克服磁畴的“惯性”要消耗一定的能量，称磁滞损耗。磁滞损耗是引起铁芯发热的原因之一。在交流供电用电设备中，应选择磁滞损耗小的铁磁材料，称软磁材料。相反，磁滞损耗较大的铁磁材料称硬磁材料。不同铁磁材料可用专门仪器测出其磁滞回线进行比较，以区分各属于何性质。表 5-3 将硬、软磁材料进行比较。

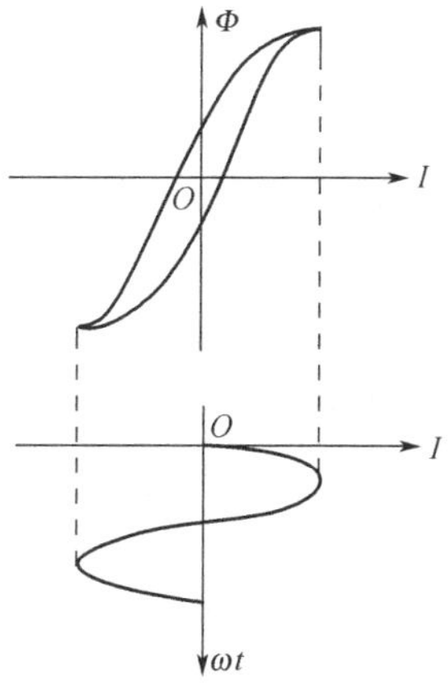

图 5-4　磁滞回线

表 5-3 硬、软磁材料比较表

软 磁 材 料	硬 磁 材 料
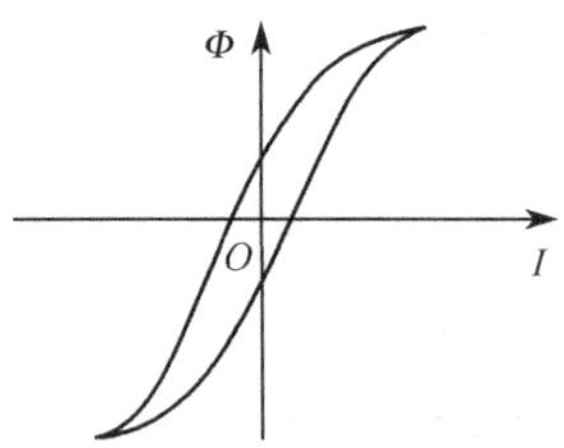	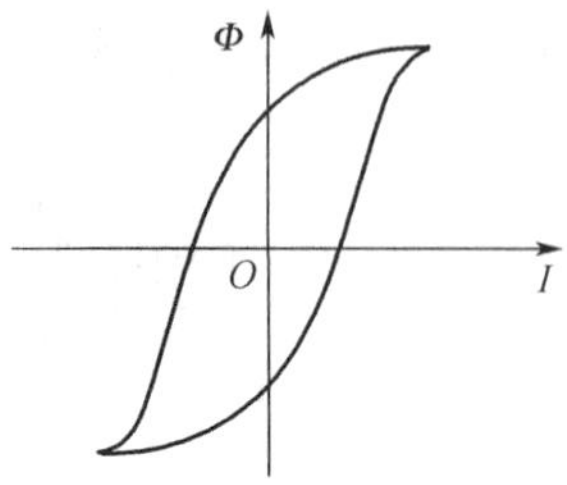
磁“惯性”小	磁“惯性”大
磁滞损耗小	磁滞损耗大
制作交流电器设备铁芯等	制作永久磁铁等
硅钢、铸钢、铁镍合金等	钨钢、钴钢、铝镍合金等

5.1.4 涡流

交变的磁通穿过铁芯导体时，在其内部产生漩涡形的电流，称为涡流，如图 5-5(a) 所示。

涡流会使铁芯发热并消耗能量，称涡流损耗，为了减少涡流损耗，铁芯常采用涂有绝缘层的硅钢片叠成，如图 5-5(b) 所示。涡流也有其有利的一面，例如在工业上利用涡流的热效应来冶炼金属；利用涡流和磁场相互作用而产生电磁力的原理来制造感应式仪器。

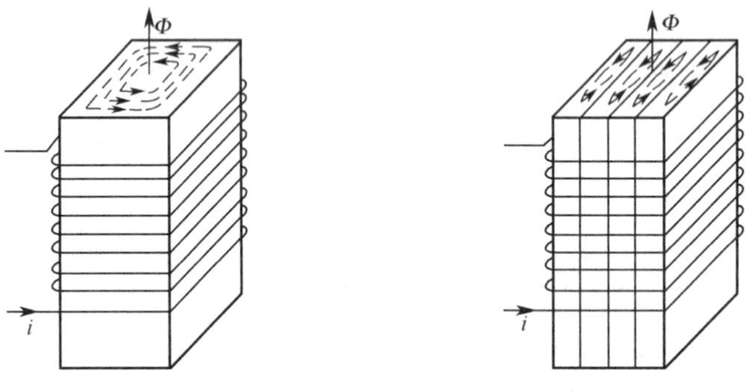

(a) (b)

图 5-5 涡流

5.2 交流铁芯线圈电路

图 5-6 为交流铁芯线圈电路。由于线圈中有铁芯存在，使线圈的外加电压与线圈中的电流是非线性关系。这种非线性关系主要是因为磁通与电流的非线性关系造成的，其非线性关系可由磁化曲线分析得出。而电压与磁通的关系有以下公式得出

$$U=4.44fN\Phi_m \tag{5-1}$$

式中 U——加在铁芯线圈上的电压的有效值；

N——线圈匝数；

f——电源频率；

Φ_m——铁芯中交变磁通的幅值。

【例 5-1】 一个有铁芯线圈接在交流220V、50Hz的电源上，铁芯中磁通的最大值为0.001Wb，问铁芯上的线圈至少应绕多少匝？

解 由式（5-1） $U=4.44fN\Phi_m$

有 $N=\dfrac{U}{4.44f\Phi_m}=\dfrac{220}{4.44\times50\times0.001}=991$ 匝

铁芯上的线圈至少应绕 991 匝。

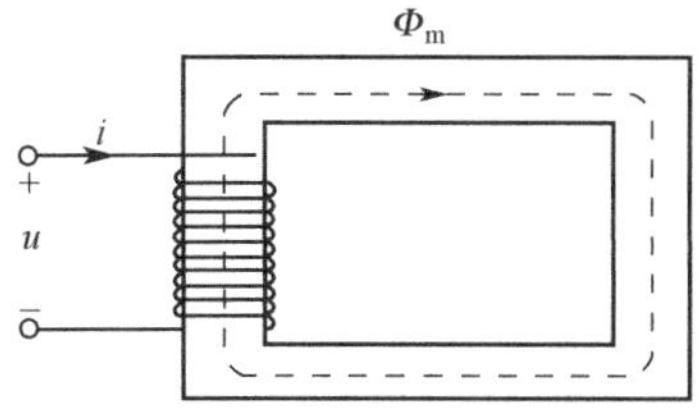

图 5-6　交流铁芯线圈电路

【例 5-2】 上题中如果铁芯上的线圈只绕了 100 匝，线圈通电后会产生什么后果？

解 若线圈只绕了 100 匝，则磁通最大值远远超过了规定的最大值。根据磁化曲线可知，对应的线圈中的电流将远远超过正常值，线圈通电后会烧坏。

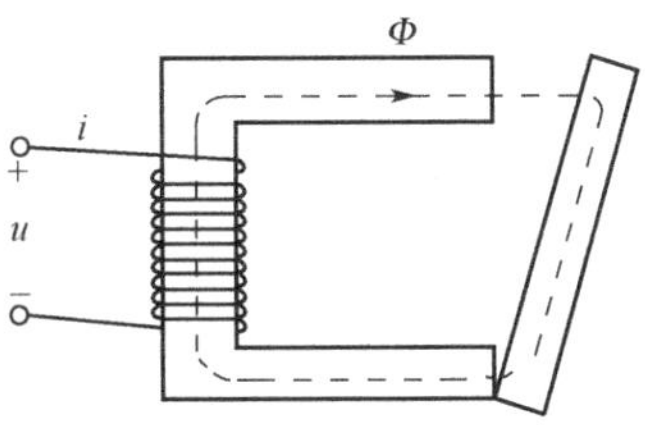

图 5-7　例 5-3 图

【例 5-3】 一个交流电磁铁，因出现机械故障，通电后长时间衔铁不能吸合，结果会如何？

解 如图 5-7 所示。衔铁是否吸合与磁路中的磁通大小无关。因为 $U=4.44fN\Phi_m$ 中的频率 f、电压 U、匝数 N 均不变，故磁路中的磁通是不变的。

衔铁是否吸合，磁路中的磁阻是不同的。若衔铁长时间不被吸合，磁路中存在空气隙，磁阻很大，根据磁路欧姆定律可知产生磁通需要的电流将很大，时间一长，很可能将线圈烧坏。

5.3　变压器

5.3.1　变压器的基本结构

变压器主要由铁芯和线圈（又称绕组）组成的。

① 铁芯　变压器铁芯的作用是构成磁路。为了减小涡流和磁滞损耗，铁芯用具有绝缘层的 0.35～0.5mm厚的硅钢片叠成。在一些小型变压器中，也有采用铁氧体或坡莫合金替代硅钢片的。

变压器的铁芯一般分为芯式和壳式两大类，如图 5-8 所示。芯式变压器在两侧铁芯柱上放置线圈，壳式变压器在中间铁芯柱上放置线圈。

② 线圈　线圈又称为绕组。小容量变压器的绕阻多用高强度漆包线绕制。大容量变压器的绕组可用绝缘铜线或铝线绕制。

接电源的绕组称为原绕组（或初级绕组、一次绕组），接负载的绕组称为副绕组（或次级绕组、二次绕组）。

变压器在工作时铁芯和线圈都要发热。小容量变压器采用自冷式，即将其放置在空气中自然冷却。中容量电力变压器采用油冷式，即将其放置在有散热管的油箱中。大容量变压器还要用油泵使冷却液在油箱与散热管中作强制循环。

5.3.2　变压器的工作原理

图 5-9 为变压器空载运行原理图。变压器空载运行是指原绕组接电源，副绕组开路的

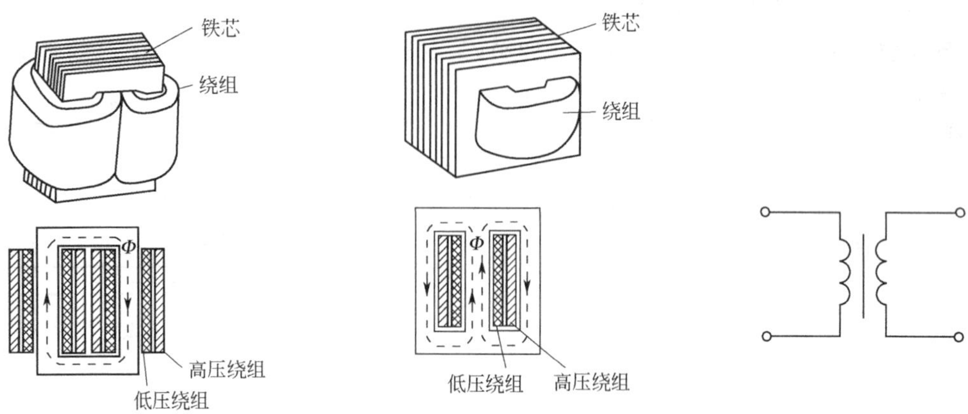

(a) 芯式　　(b) 壳式　　(c) 原理图

图 5-8　变压器的结构和原理图

状态。

在外加电压 u_1 作用下，原绕组中通过的空载电流为 i_0。i_0 产生工作磁通，又称励磁电流。

在理想状态下，变压器的电压变换关系为

$$\frac{U_1}{U_2}=\frac{E_1}{E_2}=\frac{N_1}{N_2}=K \tag{5-2}$$

式（5-2）表明变压器原、副绕组电压的有效值与原、副绕组的匝数成正比。匝数比 K 称为变压比，简称变比。

当副绕组接入负载 Z_2 时，称有载运行。图 5-10 为变压器有载运行原理图。原绕组电流有效值为 i_1，副绕组电流有效值为 i_2，在理想情况下有

$$\frac{I_1}{I_2}=\frac{N_2}{N_1}=\frac{1}{K} \tag{5-3}$$

式（5-3）表明变压器原、副绕组电流的有效值与原、副绕组匝数成反比。

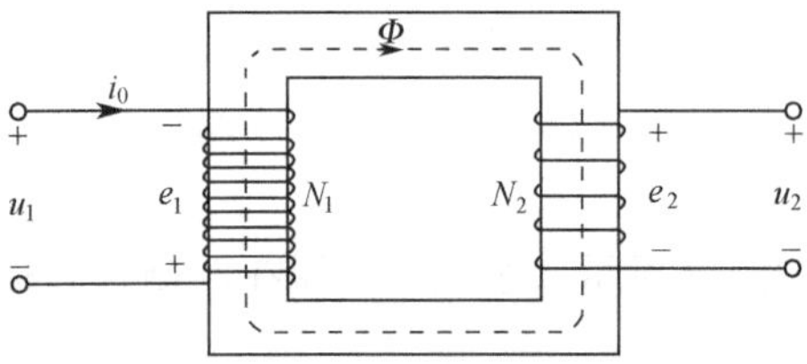

图 5-9　变压器空载运行原理图

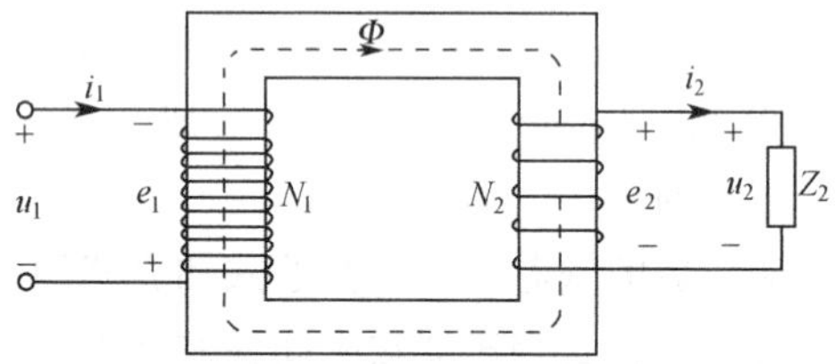

图 5-10　变压器有载运行原理图

变压器不仅能变换交流电压、交流电流，还具有变换阻抗的作用。在图 5-11 中，副绕组接入阻抗值为 $|Z_2|$ 的负载，从原绕组看进去等效阻抗值为 $|Z_1|$，即

$$|Z_1|=\frac{U_1}{I_1}=\frac{\frac{N_1}{N_2}U_2}{\frac{N_2}{N_1}I_2}=\left(\frac{N_1}{N_2}\right)^2\frac{U_2}{I_2}=K^2|Z_2| \tag{5-4}$$

可见，匝数比 K 不同，负载阻抗值反映到原边的等效阻抗值也不同。选择不同的变比 K，就可在原边得到所需要的任何数值。这种阻抗变换的方法称为阻抗匹配。

【例 5-4】 有一台降压变压器，原绕组电压为220V，副绕组电压为110V，原绕组为

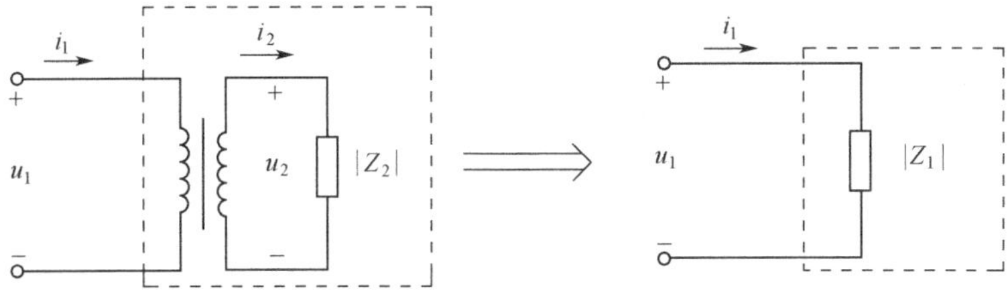

图 5-11　负载阻抗的等效变换

2200 匝，若副绕组接入阻抗值为10Ω的阻抗，问变压器的变比、副绕组匝数、原副绕组中电流各为多少？

解　变压器变比
$$K=\frac{U_1}{U_2}=\frac{220}{110}=2$$

副绕组匝数
$$N_2=\frac{N_1U_2}{U_1}=\frac{2200\times110}{220}=1100\text{ 匝}$$

副绕组电流
$$I_2=\frac{U_2}{Z_2}=\frac{110}{10}=11\text{A}$$

原绕组电流
$$I_1=\frac{N_2I_2}{N_1}=\frac{1100\times11}{2200}=5.5\text{A}$$

【例 5-5】　在图 5-12 中，交流信号源的电动势 $E=120$V，内阻 $r_0=800\Omega$，负载电阻$R_L=8\Omega$。

① 当负载 R_L 折算到原边的等效电阻 $R_L'=r_0$ 时，求变压器的匝数比 K 和信号源输出功率 P_0。

② 若将负载直接与信号源连接，求信号源输出功率 P_0'。

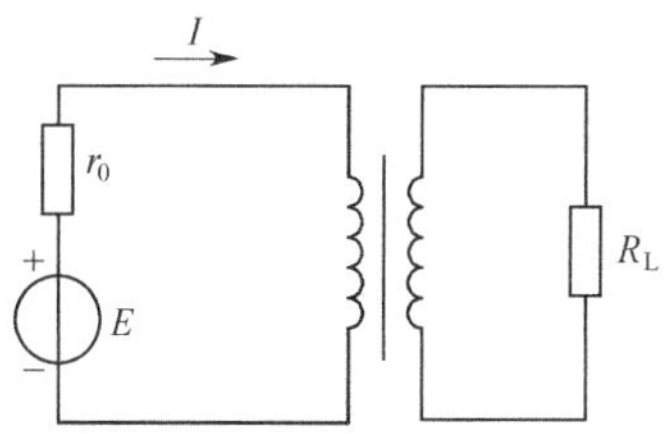

图 5-12　例 5-5 图

解　① 变压器的匝数比
$$K=\frac{N_1}{N_2}=\sqrt{\frac{R_L'}{R_L}}=\sqrt{\frac{800}{8}}=10$$

信号源输出功率
$$P_0=\left(\frac{E}{r_0+R_L'}\right)^2R_L'$$
$$=\left(\frac{120}{800+800}\right)^2\times800=4.5\text{W}$$

② 将负载直接与信号源相连，信号源输出功率为
$$P_0'=\left(\frac{120}{800+8}\right)^2\times8=0.176\text{W}$$

可见，为了使负载能获得最大功率，常采用变压器进行阻抗变换，使负载与电源相“匹配”。

5.3.3　变压器的外特性

在电源电压和负载功率因数不变的条件下，变压器副绕组电压 U_2 与电流 I_2 的关系称为变压器的外特性。变压器副绕组所接负载变化时，电压 U_2 将随负载电流 I_2 的增大而下降。

如图 5-13 所示。U_{20}为空载时副绕组电压，I_{2N}为额定运行时副绕组电流，U_{2N}为副边额定电压。

例如 220V/110V的变压器，当接上负载有载工作时，副绕组电压小于110V。其原因就是由于原副绕组自身都有一定的阻抗压降造成的。

变压器副绕组电压的变化情况除了用外特性表示外，还可以用百分数电压调整率 ΔU 表示。当 I_2 从零增加到额定值 I_{2N}时，若输出电压从 U_{20}降到 U_{2N}，则电压调整率为

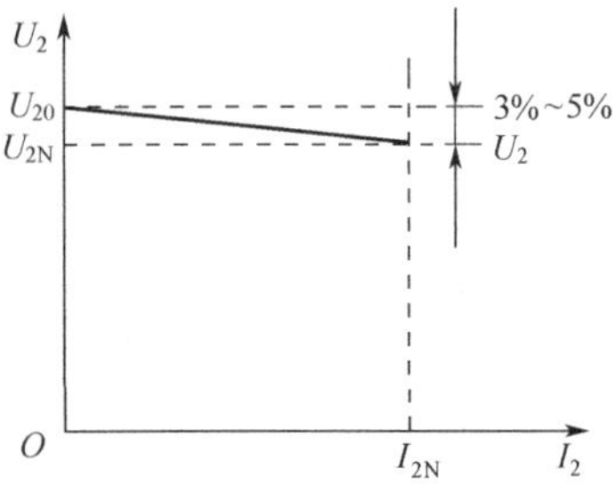

图 5-13 变压器外特性曲线

$$\Delta U=\frac{(U_{20}-U_{2N})}{U_{20}}\times 100\%=\frac{\Delta U_2}{U_{20}}\times 100\% \qquad (5\text{-}5)$$

电压调整率反映了供电电压的稳定性，是变压器的一个重性能指标。一般希望 ΔU 越小越好。常用的电力变压器，从空载到满载，电压调整率约为 3%～5%，一般的电源变压器在设计时都使其空载电压略高于额定电压的 5% 左右。

5.3.4 变压器的损耗及效率

变压器主要有两部分功率损耗：铁损耗和铜损耗。

变压器铁芯中的磁滞损耗和涡流损耗称为铁损耗。当外加电压一定时，工作磁通一定，铁损耗是不变的，也称为固定损耗。

变压器绕组有电阻，电流通过绕组时的功率损耗称为铜损耗。铜损耗的大小随通过绕组中的电流变化而变化，也称铜损耗为可变损耗。

变压器的输出功率与输入功率之比称为变压器的效率，表示为

$$\eta=\frac{P_2}{P_1}=\frac{P_2}{P_2+P_{Fe}+P_{Cu}}\times 100\% \qquad (5\text{-}6)$$

式中，η 为效率；P_2 为输出功率；P_1 为输入功率；P_{Fe}为铁损耗；P_{Cu}为铜损耗。变压器的效率比较高，一般供电变压器的效率都在 95%左右，大型变压器的效率可达 99%以上。同一台变压器处于不同负载时的效率也不同。一般在 50%～75%额定负载时效率最高。

5.3.5 变压器的额定值

变压器满负荷运行状态称额定运行。额定运行时各电量值为变压器的额定值。

额定电压 U_{1N}、U_{2N} 原绕组的额定电压 U_{1N}是指加在原绕组上的正常工作电压值。它是根据变压器的绝缘强度和允许发热等条件规定的。副绕组的额定电压 U_{2N}是指变压器空载时，原绕组加额定电压时副绕组两端的电压值。三相变压器的额定电压均指线电压。

额定电流 I_{1N}、I_{2N} 指规定的满载电流值。三相变压器的额定电流均指线电流。

额定容量 S_N 变压器在额定工作状态下，副边的视在功率。

单相变压器的额定容量 $S_N=U_{2N}I_{2N}$

三相变压器的额定容量 $S_N=\sqrt{3}U_{2N}I_{2N}$

变压器的额定值决定于变压器的构造和所用材料，使用时一般不能超过其额定值。

5.4 几种常用的变压器

5.4.1 三相电力变压器

电力系统一般均采用三相制，所以电力变压器均系三相变压器。

三相变压器工作原理与单相变压器相同。图 5-14 为三相变压器的结构图。其中各相高压绕组分别用 U_1U_2、V_1V_2、W_1W_2 表示。各相低压绕组分别用 u_1u_2、v_1v_2、w_1w_2 表示。根据电力网的线电压及原绕组额定电压的大小，可以将原绕组分别接成星形或三角形；根据供电需要，副绕组也可以接成三相四线制星形或三角形。在图 5-15 所示的铭牌上，高压侧接法用大写字母表示，低压侧接法用小写字母表示。Y 和 y 表示星形连接，D

和 d 表示三角形连接，N 和 n 表示有中线。铭牌上 Y，yn0 表示高压侧星形连接，低压侧星形连接且有中线，最后的“0”表示高、低压两侧对应线电压的相位关系。用时钟的时针和分针的相互关系表示，“0”即为零点时的情况，时针和分针重合表示高、低压侧线电压同相。

在图 5-15 中型号为 S7-500/10 的电力变压器，其中 S 表示三相，500 表示容量是 500kV·A，10 表示高压绕组额定电压为10kV。高压侧标出的三个电压值可以根据高压侧供电的实际情况在额定值的±5%范围内调节。若铭牌型号为 SJL-560/10，其中 J 表示油浸自冷式冷却方式（风冷式用 F 表示），L 表示装有避雷装置。

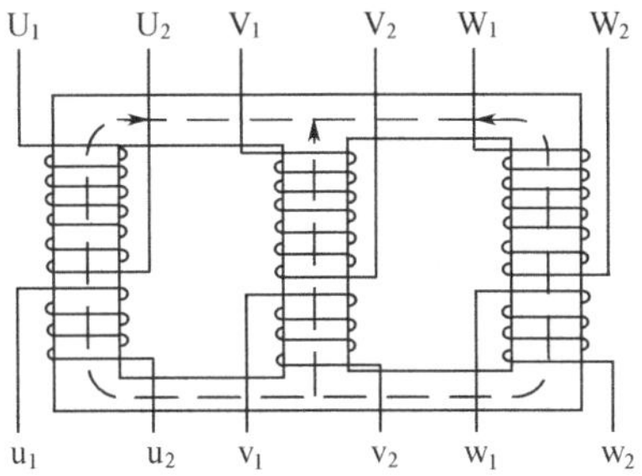

图 5-14 三相变压器结构

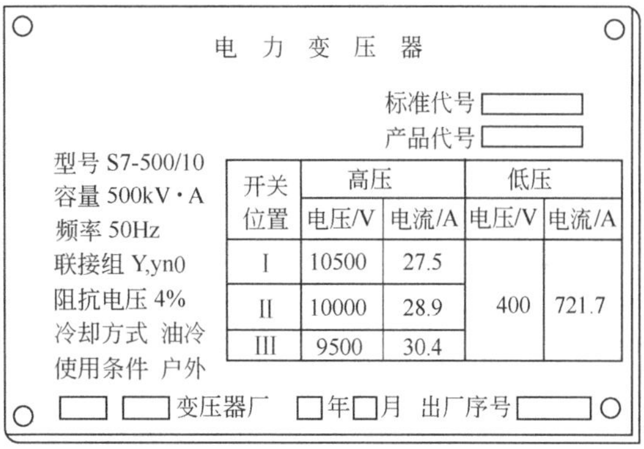

图 5-15 三相变压器铭牌

图 5-16 为油浸式电力变压器外形图。将三相变压器放入钢板制成的油箱中，箱壁上装有散热用的油管或散热片。油枕是为油的热胀冷缩提供了一个空间，油箱中如有过高的压力时可将其从安全气道排出，以防爆炸。高低压引线通过绝缘套管从油箱引出。

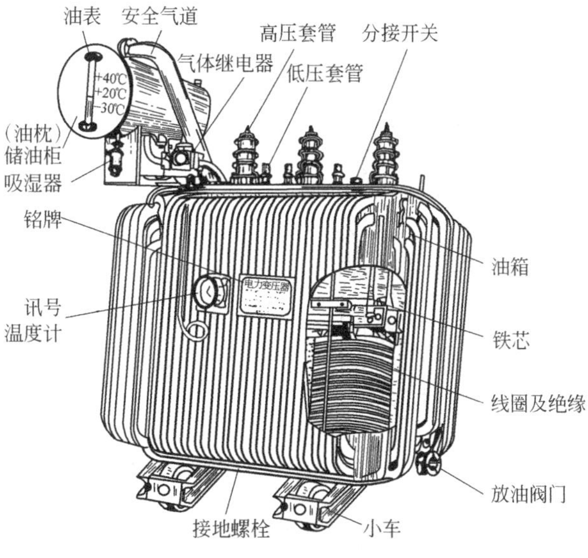

图 5-16 油浸式电力变压器

5.4.2 自耦变压器

在普通的变压器中，原、副绕组之间仅有磁耦合，而无直接的电联系。而自耦变压器原、副绕组共用一部分绕组，它们之间不仅有磁耦合，还有电的联系。

如图 5-17 所示，设原绕组匝数为 N_1，副绕组匝数为 N_2，则原、副绕组电压之比和电流之比与普通变压器相同，即

$$\frac{U_1}{U_2}=\frac{I_2}{I_1}=\frac{N_1}{N_2}=K$$

自耦变压器的优点是结构简单，节省材料、体积小、成本低。但因原、副绕组之间有电联系，使用时一定要注意安全，正确接线。图 5-18 表示用自耦变压器给携带式行灯提供 12V 的工作电压电路图。图 5-18(a) 是错误的接法。

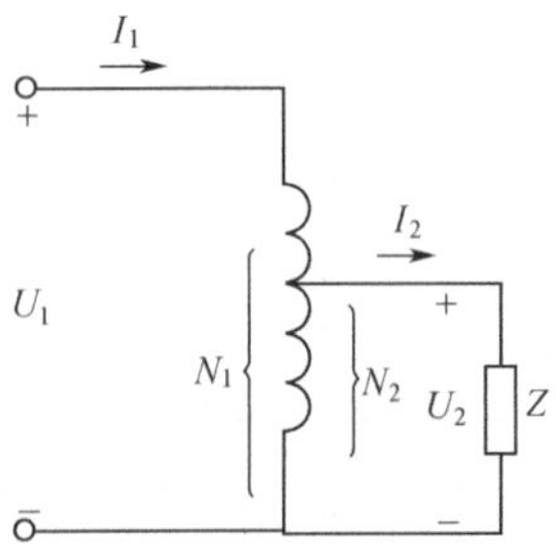

图 5-17 自耦变压器工作原理

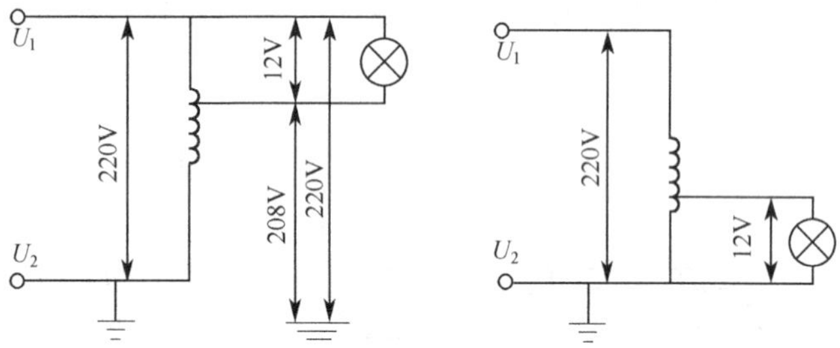

(a) 不安全状况 (b) 正确接法

图 5-18 自耦变压器使用时不安全状况

原绕组电压为220V，因为 U_2 点接地，此时连接灯泡的每根导线对地的电压都是220V以上，这对持灯人极不安全。所以自耦变压器只适用于要求变压比不大的场合，且要注意正确使用。工厂供电用的降压变压器与安全用的降压变压器都不能采用自耦变压器。自耦变压器也可以用于升压，接法如图 5-19 所示。

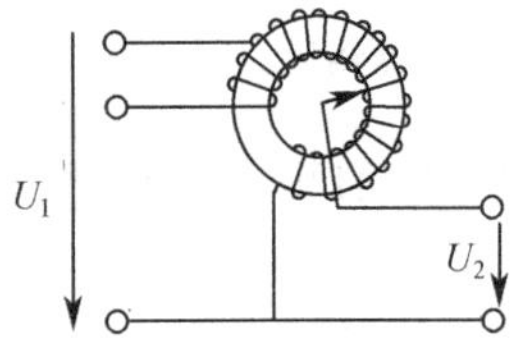

图 5-19 可用于升压的自耦变压器原理图

自耦变压器还可以把抽头制成能够沿线圈自由滑动的触点，可平滑调节副绕组电压。其铁芯制成环形，靠手柄转动滑动触点来调压。图 5-20 为实验室常用的低压小容量的自耦变压器，原绕组 U_1U_2 接220V交流电压，副绕组 u_1u_2 输出电压可在 0～250V范围内调节。

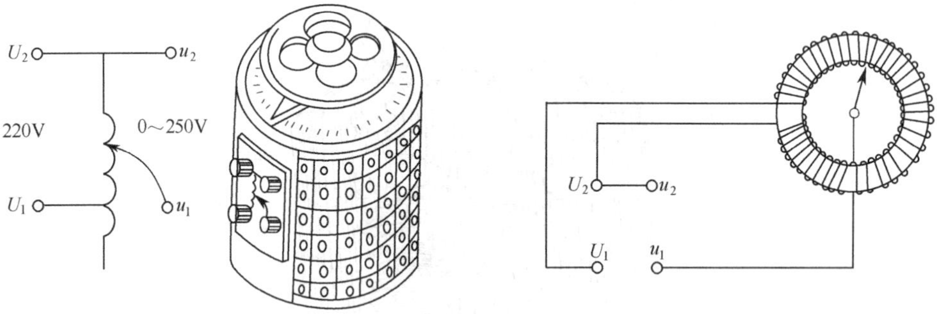

图 5-20 低压小容量的自耦变压器

自耦变压器可以制成三相结构，绕组作星形连接，用于改变三相交流电压。常用于三相异步电动机的降压启动。图 5-21 为三相自耦变压器的结构图。

5.4.3 互感器

在电工测量中，被测量的电量经常是高电压或大电流。为了保证测量者的安全，必须将待测电压或电流按一定比例降低，以便于测量。用于测量的变压器称为仪用互感器。按用途

可分为电压互感器和电流互感器。

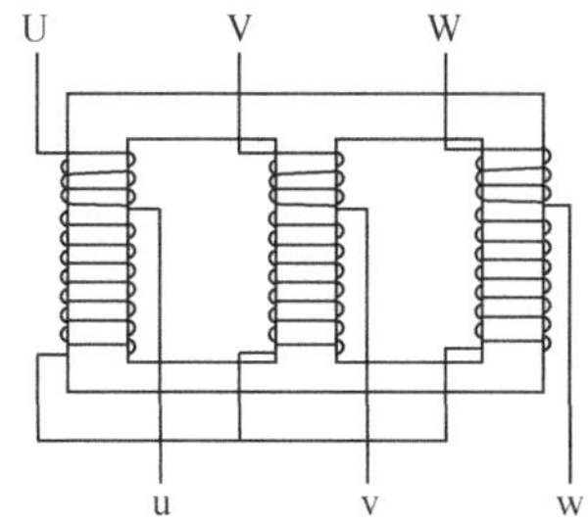

图 5-21 三相自耦变压器

图 5-22 是接有电压互感器和电流互感器测量电压和电流的电路图。为防止互感器的原、副绕组之间绝缘损坏时造成危险，铁芯和副绕组的一端应当接地。

（1）电压互感器

电压互感器的原绕组接待测高压，副绕组接电压表。其工作原理为

$$\frac{U_1}{U_2}=\frac{N_1}{N_2}$$

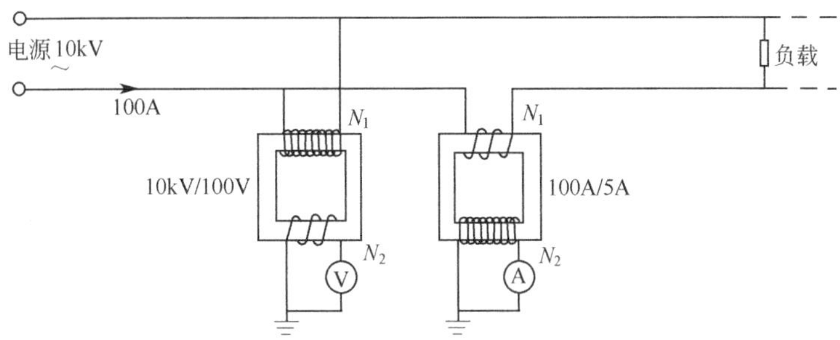

图 5-22 电压互感器和电流互感器

为了降低电压，需要使 $N_2<N_1$。一般规定电压互感器的副绕组额定电压为100V，如6000V/100V、10000V/100V等。

（2）电流互感器

电流互感器的原绕组串联在待测电路中，待测电路的电流 I_1 即为原绕组电流。副绕组接电流表，流过电流为 I_2，其工作原理为

$$\frac{I_1}{I_2}=\frac{N_1}{N_2}$$

为了减小电流，需使 $N_2>N_1$。原绕组只有一匝或几匝，副绕组匝数较多。一般规定电流互感器副绕组额定电流为5A，如 100A/5A、50A/5A等。

应当注意，使用时电流互感器副绕组不能开路。否则铁芯中的磁通值将远远超过正常工作时的磁通值，铁芯中铁损耗增大而强烈发热。特别是匝数较多的副绕组将感应很高的电压，可能损坏设备并危及测量人员安全。

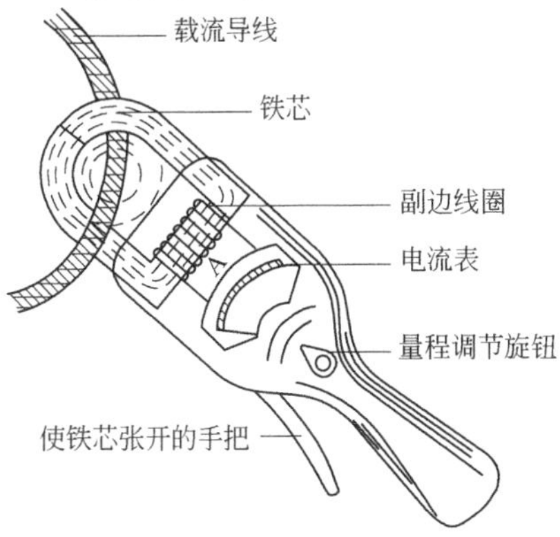

图 5-23 钳形电流表

利用电流互感器原理可以制作便携式钳形电流表，其外形如图 5-23 所示。它的闭合铁芯可以张开，将被测载流导线钳入铁芯窗口中，这根导线相当于电流互感器的原绕组。铁芯上绕有副绕组，与测量仪表连接，可直接读出被测电流的数值。用钳形电流表测量电流不用断开电路，使用非常方便。

5.4.4 电焊变压器

电弧焊接是在焊条与焊件之间燃起电弧，用电弧的高温使金属熔化进行焊接。电焊变压器就是为满足电弧焊接的需要而设计制造的特殊的变压器，其原理

如图 5-24 所示。

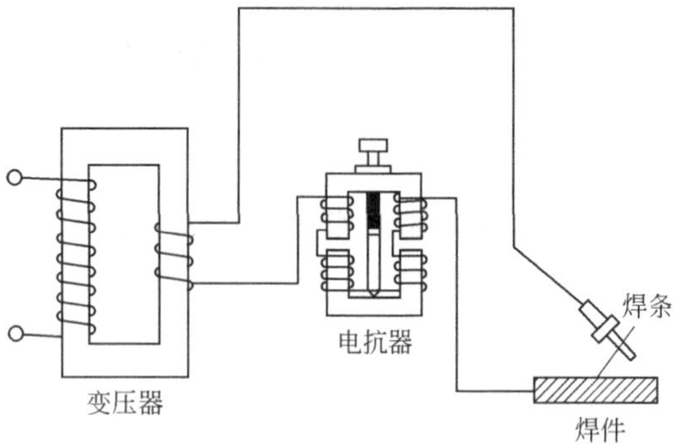

图 5-24　电焊变压器原理图

为了起弧较容易，电焊变压器的空载电压一般为 60～80V，当电弧起燃后，焊接电流通过电抗器产生电压降。调节电抗器上的旋柄可改变电抗的大小以控制焊接电流及焊接电压。维持电弧工作电压一般为 25～30V。

小　　结

① 磁路是由铁磁材料制成的、磁通集中通过的路径，可根据需要制成一定的形状。将磁路和电路进行比较进一步理解磁路的基本物理量和基本规律。

② 交流铁芯线圈的磁通取决于外加正弦交流电压，其基本关系式为 $U=4.44fN\Phi_m$，当外加电压一定时，磁通的幅值不变。

③ 理想变压器的变压、变流、变阻抗的关系式为

$$\frac{U_1}{U_2}=\frac{N_1}{N_2}=K$$

$$\frac{I_1}{I_2}=\frac{N_2}{N_1}=\frac{1}{K}$$

$$|Z_1|=|Z_2|K^2$$

④ 三相电力变压器、仪用互感器、自耦调压器、电焊变压器的结构特点及应用。

思考题与习题

5-1　变压器的额定电压为 220V/110V，若不慎将低压绕组接到220V电源上，后果会怎样？

5-2　一个交流电磁铁，原规定用于220V、50Hz交流电源，现接到220V、60Hz交流电源上，会不会被烧坏？

5-3　已知一台 220V/110V的单相变压器，$N_1=2200$ 匝，$N_2=1100$ 匝，有人想节省铜线将原绕组只绕 100 匝，副绕组只绕 50 匝，是否可以？为什么？

5-4　用钳形电流表测量有效值为10A的三相对称电流时，当钳住一根、两根、三根时，电流表的读数分别是多少？

5-5　变压器铭牌上标出的额定容量是指什么？其单位为什么是 kV·A(千伏·安)，而不是 kW(千瓦)。

5-6　某单相变压器，$U_1=380$V，$I_2=21$A，变比 $K=10.5$，求 U_2 及 I_1。

5-7　一台电源变压器，$U_1=220$V，$U_2=8$V，$N_1=1760$ 匝，现要改制成副绕组输出电压为 12V 的变压器，问需将副绕组加绕多少匝？

5-8　机床上的低压照明变压器，$U_1=220$V，$U_2=36$V，现在副绕组端接 $P_2=60$W，$U_2=36$V的白炽

灯一盏，求 I_1 及 I_2。

5-9 半导体收音机的输出变压器，$N_1=230$ 匝，$N_2=80$ 匝，副绕组与阻抗为 $Z_2=8\Omega$ 的喇叭相匹配。现若需改为与 $Z_2=4\Omega$ 的喇叭相匹配，问副绕组应为多少匝？

5-10 一台电压为 3300V/220V 的单相照明变压器，向 11kW 的电阻性负载供电时，其原副边电流各是多少？

5-11 电能表通过 10kV/100V 的电压互感器和 100A/5A 的电流互感器，读出某月耗电量为 4000 kW·h，问当月实际耗电量为多少？

5-12 一台自耦变压器，一次绕组有 1000 匝，将它接到 220V 交流电源上，若需要得到 110V 电压，应当在多少匝处抽头？若需把电压升到 250V，应当加绕多少匝？

6 交流电动机

电动机分为交流电动机和直流电动机两大类。交流电动机又分为同步电动机和异步电动机，本章重点讲述三相异步电动机，因为三相异步电机机具有结构简单、制作方便、工作可靠、造价低廉、维护方便等方面的优点，是国民经济中应用最广泛的一种交流电动机。

6.1 三相异步电动机的基本结构和铭牌

6.1.1 三相异步电动机的基本结构

电动机的结构分为两个主要部分，固定不动的部分称为定子，转动的部分称为转子。此外还有端盖、轴承、风冷装置和接线盒等。图 6-1 是三相异步电动机的总体结构。

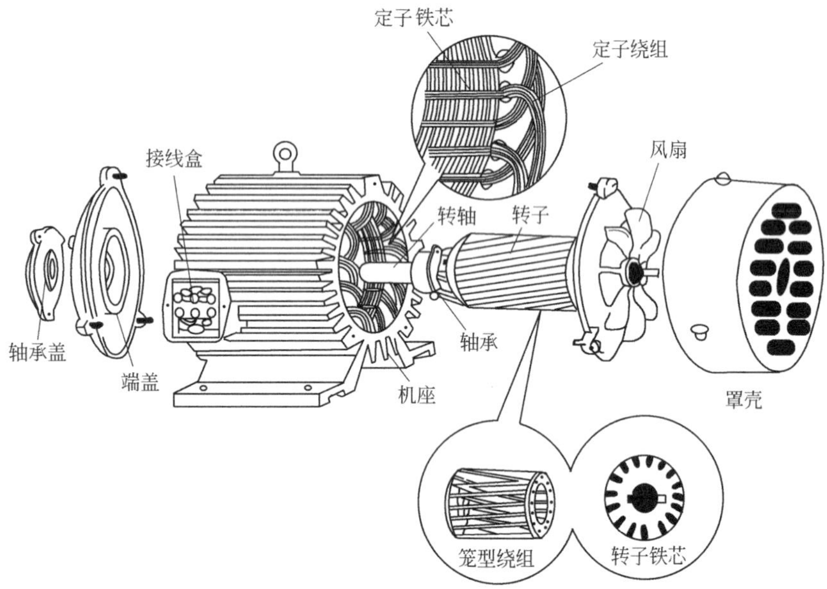

图 6-1 三相异步电动机的总体结构

(1) 定子

定子是由铁芯、绕组和机座三部分组成。如图 6-2 所示。其作用是产生旋转磁场。

定子铁芯的作用一是导磁，二是安放绕组。为减少铁损，铁芯一般采用导磁性能较好、厚度为 0.5mm、表面涂有绝缘漆的硅钢片叠压而成，形状为环形，沿内圆周表面均匀轴向开槽。

定子绕组是异步电动机的电路部分，三相绕组在槽内互差 120°电角度对称放置，每相绕组的两端分别用 U_1—U_2、V_1—V_2、W_1—W_2 表示，且引到电动机的接线盒内，排列如图 6-3 所示。可以根据需要接成星形或三角形。例如，电动机每相绕组的额定电压为 220V，在线电压为 220V 的电源下电动机三角形连接；在线电压为 380V 的电源下电动机星形连接。

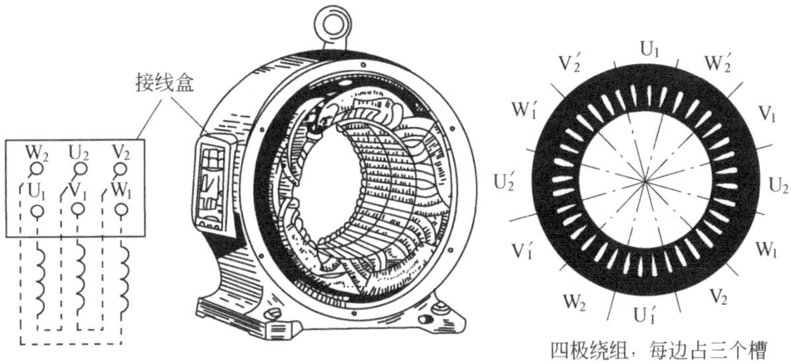

(a) 接线端　　(b) 电动机定子外形　　(c) 定子硅钢片

图 6-2　三相交流电动机定子实际结构

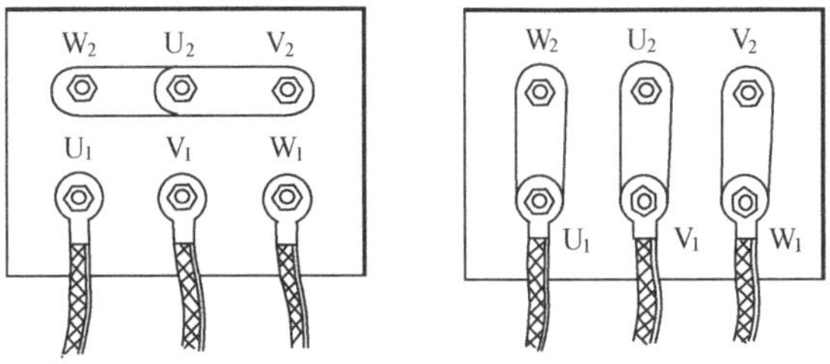

(a) 星形连接　　(b) 三角形连接

图 6-3　定子接线盒中的连线

通常在铭牌上标以 220V/380V，△/Y；若电动机每相绕组的额定电压为 380V，在线电压为 380V、660V 电源下使用，可标注为 380V/660V，△/Y。目前，线电压一般为 380V、因此标注时常简化为 380V、Y和 380V、△。

机座的作用是支承定子铁芯，转子通过轴承、端盖固定在机座上。中小型异步电动机，通常采用铸铁机座；对大型电动机，一般采用钢板焊接机座。为了增加散热能力，一般封闭式机座表面都装有散热筋，防护式机座两侧开有通风孔。

(2) 转子

转子主要由转子铁芯和转子绕组组成。它是电动机的转动部分，其作用是产生转矩并拖动负载。

转子铁芯的作用同定子铁芯，一方面作为电动机磁路的一部分，另一方面用来安放转子绕组。它用 0.5mm 厚且外圆周冲有转子槽型的硅钢片叠压而成，然后套压固定在转轴或支架上，如图 6-4(a) 所示。

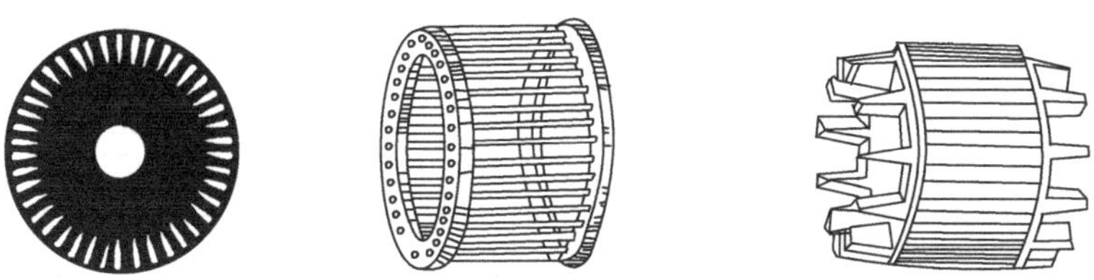

(a) 转子铁芯冲片　　(b) 笼式绕组　　(c) 铸铝的笼式绕组

图 6-4　笼式转子

转子绕组的作用是产生电磁转矩，下面以笼式转子绕组为例加以说明：在转子铁芯的每一个槽内插入一铜条，在铜条两端各用一铜环把所有的导条连接起来形成笼状，如图 6-4(b) 所示，也可用铸铝的方法，将导条、端环和风扇叶片一次铸成，称为铸铝转子，这样的转子不仅制造简单而且坚固耐用。如图 6-4(c) 所示，100kW 以下的异步电动机，一般采用铸铝转子。

6.1.2 三相异步电动机的铭牌数据

电动机的型号以及运行中的主要参数一般都在铭牌上给出。以便能正确使用电动机。图 6-5 是一台三相异步电动机的铭牌。

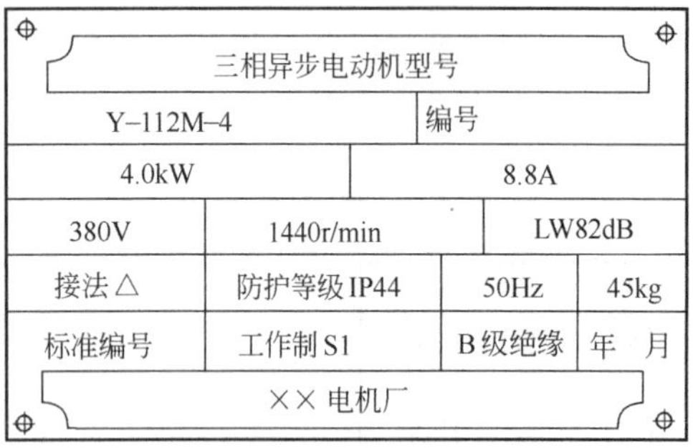

图 6-5 三相异步电动机的铭牌

型号：电动机的型号 Y-112M-4 是指国产 Y 系列异步电动机，中心机座高度为 112mm，中机座（M 表示中机座，L 表示长机座，S 表示短机座），4 极。

额定功率 P_{2N}：4.0kW 是指电动机在额定运行时转轴上输出的机械功率。

额定电压 U_N：380V 是指额定运行时电网加在定子绕组上的线电压。

额定电流 I_N：8.8A 是指电动机在额定电压下，输出额定功率时，定子绕组中的线电流。

额定转速 n_N：1440r/min 是指额定运行时电动机的转速。

额定频率：f_N(50Hz)是指电动机所接交流电源的频率。

工作制：S1 是指电动机可以在铭牌标出的额定状态下连续运行，即连续工作制。S2 表示短时工作制，S3 表示断续周期工作制。

绝缘等级：B 级绝缘决定了电动机的允许温升，有时不标明绝缘等级而直接标明允许温升。

接法：△表示在额定运行时，定子绕组应采用的连接方式。

防护等级 IP44：防护等级由字母 IP 和两个数字表示，I 是 International（国际）的第一个字母，P 为 Protection（防护）的第一个字母，IP 后面的第一个数字代表第一种防护型式（防尘）的等级，第二个数字代表第二种防护型式（防水）的等级，数字越大，表示防护的能力越强。

此外，铭牌上还有 LW82dB，表示噪声等级为 82dB；45kg 是电动机的质量。除铭牌上标出的参数之外，在产品目录或电工手册中还有其他一些技术数据。如表 6-1 所示。

表 6-1 电动机的技术数据

型号	额定负载数据								堵转电流	堵转转矩	最大转矩
	功率/kw	电压/V	接法	转速/(r/min)	电流/A	效率	功率因数	温升/℃	额定电流	额定转矩	额定转矩
Y-112M-4	4.0	380	△	1440	8.8	0.85	0.82	80	7	2.0	2.2

功率因数 $\cos\phi_N$(0.82)是指在额定负载下定子电路的功率因数。三相异步电动机的功率因数在额定负载时约为 0.7～0.9，在轻载和空载时较低，空载时只有 0.2～0.3。因此，必须正确选择电动机的容量，防止“大马拉小车”，并力求缩短空载或轻载时间。

效率 η_N(0.85) 用铭牌上标出的额定电压 U_N 和额定电流 I_N 并在产品手册中查出在额定负载下的功率因数 $\cos\phi_N$ 可以算出在额定负载下的输入电功率 P_{1N}，即

$$P_{1N}=\sqrt{3}U_N I_N \cos\phi_N$$

电动机的额定输出机械功率 P_{2N}与在额定负载下的输入电功率 P_{1N}之比是电动机在额定负载下的效率 η_N，即

$$\eta_N=\frac{P_{2N}}{P_{1N}}\times 100\%=\frac{P_{2N}}{\sqrt{3}U_N I_N \cos\phi_N}\times 100\%$$

温升(80℃)：指额定负载时，绕组的工作温度与环境温度的差值。

堵转转矩：即启动转矩 T_{st}。

堵转电流：即启动电流 I_{st}。

6.2 三相异步电动机的工作原理

6.2.1 三相交流旋转磁场的产生

(1) 产生条件

在空间位置上互差120°的三相对称绕组（如图 6-6 所示），通入三相对称电流就能产生旋转磁场。

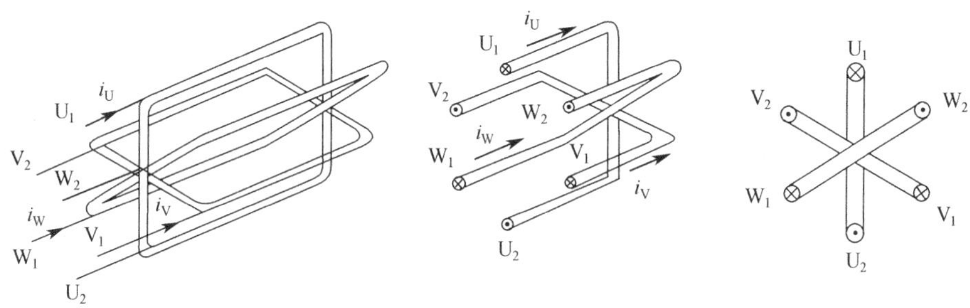

(a) 外形 (b) 纵剖面 (c) 正视图

图 6-6 三相绕组通入三相交流电（电流方向为参考方向）

为了研究问题简便，将电动机定子简化为三相六槽结构。在空间上互差120°的三相绕组 U_1U_2、V_1V_2、W_1W_2 中分别通入三相交流电流 i_U、i_V、i_W，将产生各自的交变磁场，其三个交变磁场将合成为一个两极旋转磁场，如图 6-7 所示。各绕组中电流参考方向为从首端 U_1、V_1、W_1 流入，从末端 U_2、V_2、W_2 流出。

图 6-7(a) 为三相对称电流波形，从图中可知：从 t_1 到 t_4 电流变化了一个周期，从中取 t_0、t_1、t_2、t_3、t_4 几个时刻，依次画出各时刻各绕组中的电流方向，然后确定合成磁场的方向，把几个时刻的合成磁场连起来看，可以看到磁场沿顺时针方向旋转。电流变化一个周期，磁场在空间也旋转一周。

(2) 旋转磁场的转向

对旋转磁场形成过程分析还可知，旋转磁场的转向取决于通入三相定子绕组中电流的相序。若要使旋转磁场反转，只需把三相电源线中的任意两根互换（如 V、W 互换），此时，V_1V_2 绕组通入 i_W 相电流，W_1W_2 绕组通入 i_V 相电流，重新绘图观察发现，旋转磁场的转动方向即刻改变。

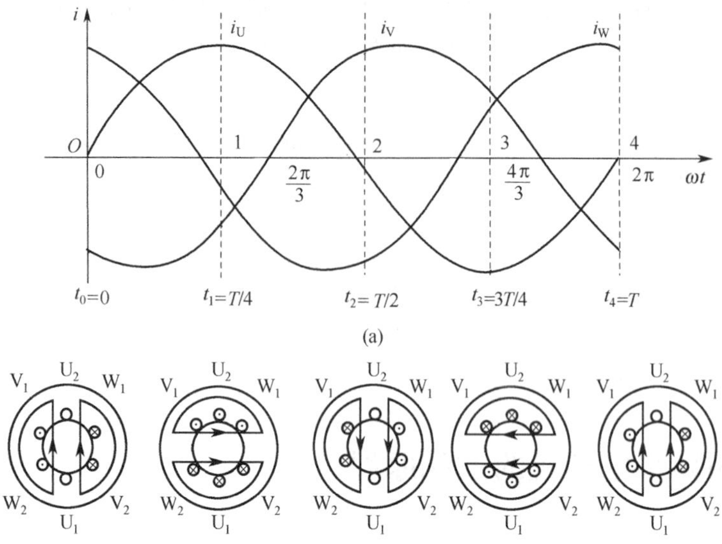

图 6-7 三相交流旋转磁场的产生

(3) 旋转磁场的转速

又称同步转速，用 n_1 表示。从图 6-7 中看到，电流每变化一周期，旋转磁场转一周，所以旋转磁场的每秒转数等于电流的频率。通常，电动机的转速是以 r/min(转/分) 来计，因此，旋转磁场的转速为 $n_1=60f_1$(r/min)。式中，n_1 为定子旋转磁场的转速，f_1 为电源的频率，中国工频 $f_1=50$Hz，所以 $n_1=60f_1=3000$r/min。

空间排列有三相绕组 (也称一套)，共产生一个合成磁场，这一个合成磁场对应一对磁极，如图 6-8 所示。

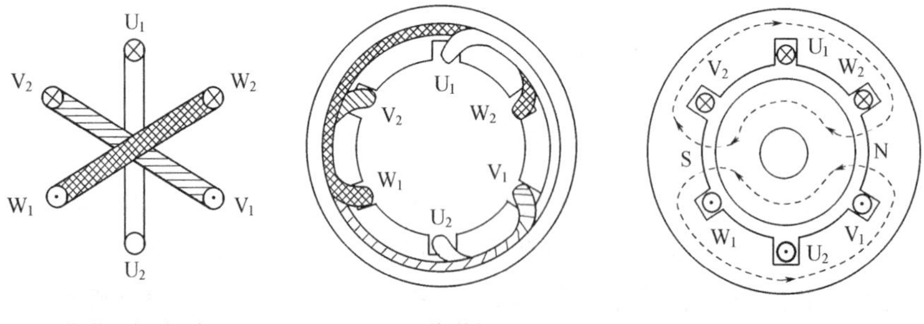

(a) 两极绕组剖面示意图 (b) 两极绕组 (c) 两极磁路

图 6-8 电动机定子三相绕组和两极旋转磁场

如果要让旋转磁场改变转速，则必须改变绕组结构。如果三相绕组在空间排列时，间隔的角度都缩小到原先的$\frac{1}{2}$，如图 6-9(a) 所示，那么三相绕组排列起来只占$\frac{1}{2}$圆周，交流电变化一个周期，合成磁场在空间只转了半周，转速降低为原先的$\frac{1}{2}$。但这个磁场只能在圆周的一侧转动，为了使旋转磁场在整个圆周连续转动，另外半个圆周空间必须再装一套三相绕组，两套绕组的对应各相可以串联，使之通过相同电流。这时在空间将产生两对旋转磁场，也就对应四个磁极，并沿整个圆周连续转动。图 6-9(a) 是三相四极绕组装在定子铁芯上的情况；图 6-9(b) 是对应图 6-7(a) 中 t_1 时刻磁场的情况。

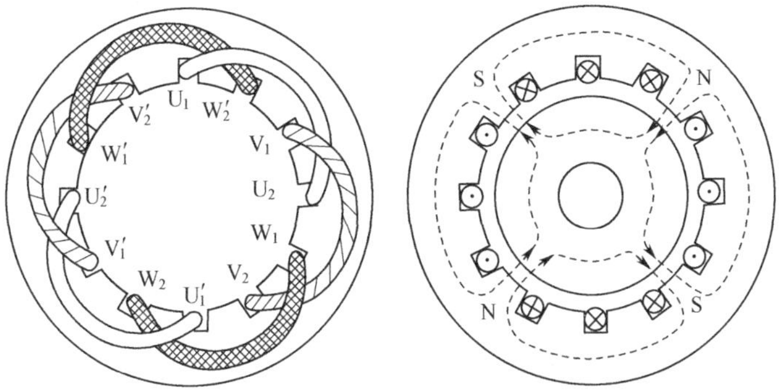

(a) 四极绕组　　(b) 四极磁路

图 6-9　三相四极旋转磁场

从以上规律可推知：如果三相绕组间隔的角度都缩小到原先的$\frac{1}{p}$，整个圆周需要 p 套绕组才能布满，空间出现 p 对磁极，转速将降低到原先的$\frac{1}{p}$。所以转速公式 $n_1=\frac{60f_1}{p}$（r/min）。式中，p 是磁极对数，磁极数为 $2p$。p 不同，转速不同。常见的几种旋转磁场转速见表 6-2 所示。

表 6-2　常见的旋转磁场转速

磁极对数 p/对	1	2	3	4	5	6
旋转磁场转速 n_1/(r/min)	3000	1500	1000	750	600	500

6.2.2　三相异步电动机的转动原理及转差率

异步电动机转子能在旋转磁场作用下转动的原理可用图 6-10 来说明。

旋转磁场以同步转速 n_1 顺时针方向旋转，相当于磁场不动，转子导体逆时针方向切割磁力线，在转子导体中产生感应电动势，感应电动势的方向由右手定则判定，又因转子导体两端被端环短接，自成闭合回路，所以转子导体内便有一感应电流流过，与感应电动势方向相同，有电流的转子导体在磁场中要受到电磁力的作用，电磁力的方向由左手定则判定，N 极、S 极下的导体受力方向相反，对转轴形成电磁转矩，使转子沿旋转磁场的方向顺时针旋转。

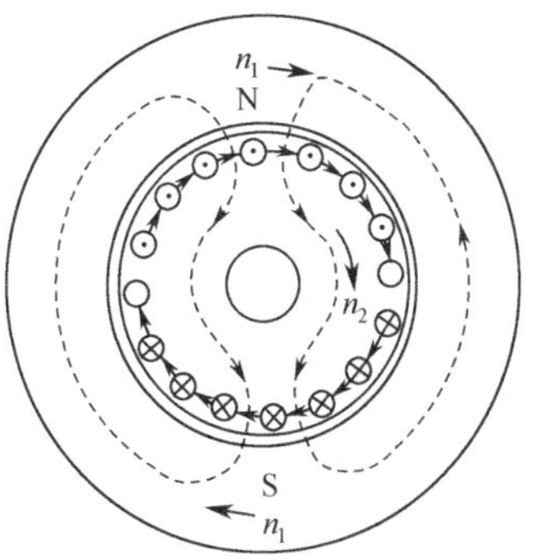

图 6-10　异步电动机转动原理

转子转动后逐步加速，但它不可能达到同步转速。这是因为只有在转子转速 n_2 低于旋转磁场转速 n_1 时，转子导体与磁场之间才有相对运动，才能切割磁力线，产生感应电动势从而产生感应电流和电磁转矩，所以这种电动机称异步电动机，也叫感应电动机。

通常把 n_1 与 n_2 二者之差称为转差，将转差与同步转速之比称为异步电动机的转差率，用 s 表示，即

$$s=\frac{n_1-n_2}{n_1}$$

转差率 s 是描绘异步电动机运行情况的重要参数。

电动机停止转动时，$n_2=0$，$s=1$，电动机转速越高，s 越小；若到达同步转速 $n_2=n_1$，

$s=0$；异步电动机额定运行时，$n_2=n_N$，则 $s_N=0.02\sim0.06$；空载时，n_2 接近 n_1，则 $s=0.004\sim0.007$。

【例 6-1】 一台三相异步电动机的额定转速 $n_N=1440\text{r/min}$，这台电动机是几极电机？转差率是多少？

解 对照表 6-2 可知这台电动机的旋转磁场转速是 1500r/min，所以它是 4 极电动机，即 $2p=4$。其额定转差率

$$s_N=\frac{n_1-n_2}{n_1}=\frac{1500-1440}{1500}=0.04$$

6.3 三相异步电动机的运行分析

三相异步电动机的工作原理和变压器相似，都是利用电磁感应工作的。定、转子电路之间没有直接电的关系。它的定子绕组相当于变压器的原绕组，转子绕组相当于变压器的副绕组。

6.3.1 空载运行

电动机空载是指通电后已经转动但轴上没有带任何机械时的情况。

空载时，定子绕组中的电流称为空载电流，用 I_0 表示。与变压器相比，相同容量的电动机，空载电流要比变压器大的多。大型电动机的空载电流约为额定电流的 20%；小型电动机甚至能达到额定电流值的 50%，因此电动机的空载电流不可忽略。

造成上述结果的原因是：旋转磁场的磁通要经过定子与转子之间的空气隙，使磁路的磁阻增大，于是产生磁通所需的励磁电流也增大；另一方面，电动机是转动的，空载时除有一定的铁损耗和部分铜损耗外，还要产生一定的电磁转矩去克服摩擦阻力，转子需要产生一定的感应电流才能维持转动，根据能量守恒原理，定子绕组必须向电源取用一定的功率，为此，电动机空载电流也要相应增大。

三相异步电动机的空载电流中主要成分是用来产生工作磁通的励磁电流，励磁电流基本是无功电流，这就使空载时电动机功率因数很低，约为 0.2 左右；另外，空载时没有向外输出功率，而自身却有各种损耗，所以效率也很低。

在选择电动机时一定要注意：不要用大容量的电动机去拖动小功率的机械负载（俗称“大马拉小车”），电动机长期处于空载或轻载状态工作，功率因数和效率都很低。

6.3.2 有载运行

电动机加负载，就是让它拖动一个生产机械运转，相当在电动机轴上增加了一个阻转矩。为此电动机转子的转速将有所降低，转子与旋转磁场之间的相对转速增大，使转子绕组感应电流增大。根据能量守恒原理，定子边输入电流也增大。

综上所述，电动机的转速和电流都是随负载变化的，轴上所带的机械负载加大，即阻转矩增大，电动机转速相应下降，转子边、定子边电流均相应增大。

6.3.3 机械特性

电动机产生的电磁转矩 T 与转子转速 n 的关系曲线称为电动机的机械特性曲线，如图 6-11。启动转矩 T_{st} 为启动时对应的电磁转矩；额定转矩 T_N 为电动机带额定负载时的电磁转矩；最大转矩 T_m 为电动机在运行中具有的最大转矩。

根据机械特性曲线分析如下。

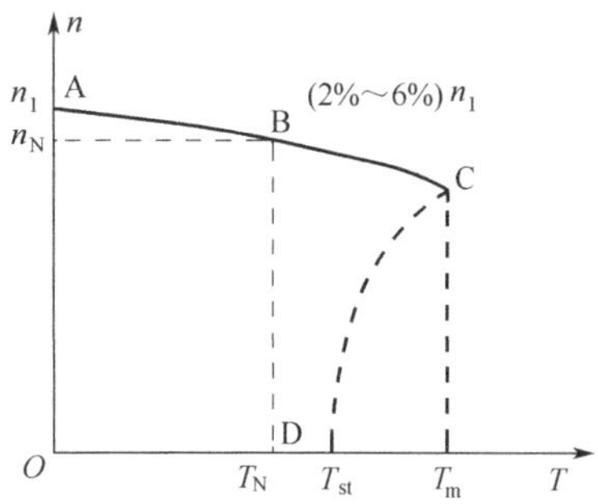

图 6-11　三相异步电动机的机械特性曲线

① 当电动机的启动转矩 T_{st} 大于负载阻转矩 T_L 时，电动机旋转起来，并在电磁转矩的作用下逐渐加速，此时电磁转矩随 n 增加而逐渐增大（沿曲线 DC 段上升），一直增大到最大转矩 T_m。而后，随着转速的继续增大电磁转矩反而逐渐减小（沿曲线 CA 段下降），最终当电磁转矩等于负载阻转矩（$T=T_L$）时，电动机就以某一转速匀速稳定旋转。

② 异步电动机一经启动很快就进入机械特性曲线的 AC 段，并在其某一点上稳定运行。电动机在 AC 段工作时若负载加重，负载阻转矩大于电磁转矩，会使电动机转速有所下降，但与此同时，电磁转矩随转速的下降而增大，从而与负载阻转矩达到新的平衡，使电动机以比原来稍低的转速稳定运转。若负载阻转矩超过了最大电磁转矩 T_m，负载阻转矩会一直大于电磁转矩（$T_L>T$），再也不存在一个新的平衡点使 $T=T_L$，电动机的转速将很快下降直到停止，此时的状态称为堵转状态。堵转时电动机定子绕组的电流可达到额定值的 4～7 倍，时间稍长将损坏电动机。

③ 机械特性曲线中 AC 段为异步电动机的稳定运行区。从空载（对应曲线上 A 点，转速约为 n_1）到满载（对应曲线上 B 点，转速 n_N）转速下降很少，仅为额定转速的 2%～6%，这种机械特性称为硬机械特性。只要负载阻转矩介于 A～C 之间，均可以找到平衡点稳定运行。这种特性适合大多数生产机械对拖动的要求。

④ 电动机的最大电磁转矩 T_m 与额定转矩 T_N 之比称为电动机的过载能力，一般电动机的过载能力约为 1.6～2.5，给电动机加负载一般不超过额定转矩 T_N，$T_L=T_N$ 时称为满载。电动机的启动转矩 T_{st} 与额定转矩 T_N 之比称为电动机的启动能力，一般电动机的启动能力约为 1.4～2.2。

6.3.4　输出转矩与输出机械功率

电动机产生的电磁转矩要有一部分用于克服摩擦阻转矩 T_0，实际轴上输出带动负载的转矩为 T_2。

$$T_2=T-T_0$$

输出转矩与输出机械功率 p_2 有以下关系

$$T_2=9550\frac{p_2}{n_2}\ (\text{N}\cdot\text{m})$$

电动机在额定状态下运行则有

$$T_N=9550\frac{p_N}{n_N}\ (\text{N}\cdot\text{m})$$

式中的功率以 kW 为单位，转速以 r/min 为单位。

6.3.5　电磁转矩与电源电压的关系

由于用电负荷的变化，电网电压往往会发生波动。而电动机的电磁转矩对电压很敏感，当电网电压降低时，将引起电磁转矩 T 大幅度降低。可以证明，电磁转矩 T 与电动机定子绕组上所加电压 U 的平方成正比，即

$$T\propto U^2$$

图 6-12 画出了几条不同电压时的机械特性曲线。当电动机负载阻转矩 T_L 一定时，由于

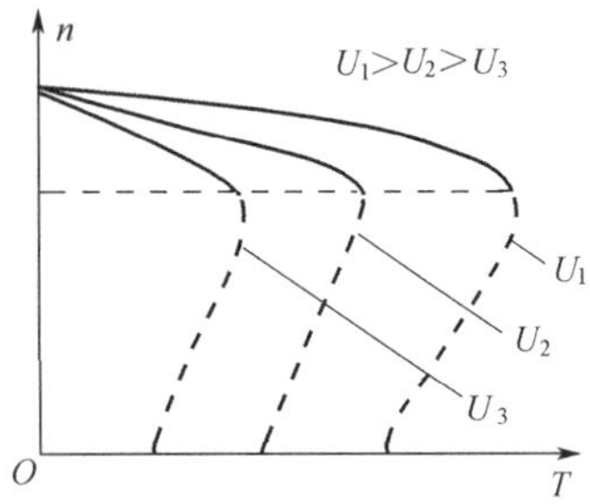

图 6-12 电源电压变化时的机械特性曲线

电压降低，电磁转矩 T 下降，将使电动机有可能带不动原有的负载，于是转速下降，电流增大。如果电压下降过多，以致最大转矩也低于负载转矩时。则电动机会被迫停转。时间稍长，电动机会因过热而损坏。

【例 6-2】 已知某三相异步电动机额定功率 $P_N=4kW$，额定转速 $n_N=1440r/min$，试求额定转矩 T_N、启动转矩 T_{st}、最大转矩 T_m（过载能力为 2.2，启动能力为 1.8）。若电动机满载运行，定子绕组上电压下降 20%时，电动机能否继续旋转？能否在此状态下满载启动？

解 额定转矩 $T_N=9550\times\frac{P_N}{n_N}=9550\times\frac{4}{1440}=26.5N\cdot m$

启动转矩 $T_{st}=1.8T_N=1.8\times26.5=47.8N\cdot m$

最大转矩 $T_m=2.2T_N=2.2\times26.5=58.4N\cdot m$

当电压降低 20%时，根据 $T\propto U^2$，对应的启动转矩、最大转矩分别为

$$T'_{st}=0.8^2T_{st}=0.64\times47.8=30.6N\cdot m$$

$$T'_m=0.8^2T_m=0.64\times58.4=37.4N\cdot m$$

满载运行时，因为 $T_L=T_N=26.5N\cdot m<T'_m$，所以降压后能在新的平衡点以新的转速稳定运行。

满载启动时，因为 $T_L=T_N=26.5N\cdot m<T'_{st}$，降压后可满载直接启动。

【例 6-3】 在例 6-2 中，若 $U_N=380V$，$\cos\phi_N=0.82$，$I_{st}/I_N=7.0$，效率 $\eta=0.84$，求额定电流、启动电流。

解 因为 $\eta=\frac{P_N}{\sqrt{3}U_NI_N\cos\phi_N}=\frac{4\times10^3}{(\sqrt{3}\times380\times I_N\times0.82)}=\frac{7.411}{I_N}=0.84$

所以求得 $I_N=8.8A$ $\quad I_{st}=7I_N=7\times8.8=61.6A$

6.4 三相异步电动机的启动、调速、制动

6.4.1 三相异步电动机的启动

电动机从接通电源至加速到正常转速的过程称为启动过程。这一过程对于小型电动机需几秒钟，大型电动机则需十几秒甚至几十秒钟。大型电动机在启动过程中由于启动电流很大，将导致供电线路电压在电动机启动瞬间突然降低，以致影响同一线路上的其他电气设备正常工作。如果多次频繁启动，还会使电动机由于热量堆积，导致损坏。因而必须采用适当的启动方法，以减小启动电流。常用的启动方法有以下几种。

（1）直接启动（全压启动）

直接启动是三相异步电动机最简单的一种启动方法，也就是将电动机定子绕组直接与电源接通，所以也叫全压启动。直接启动的异步电动机，其容量不应超过动力供电变压器容量的 30%；频繁启动的异步电动机，其容量不应超过动力供电变压器容量的 20%；对于 10kW 以下的电动机一般都可以直接启动。

（2）降压启动

为了减小电动机启动对电网的冲击，容量较大的三相笼式异步电动机均采用降压启动，

以降低启动电流，即电动机的定子绕组启动时采用降压措施，待转速接近或达到额定转速时，在额定电压下运行的启动方式称降压启动。应用降压启动，电动机每相绕组的启动电流将与每相电压成比例降低；但启动转矩与电压的平方成正比，会降低更多，因此降压启动法仅适用于空载或轻载启动的场合。降压启动的方法很多，常用的有下述两种。

① 星形-三角形（Y-△）换接降压启动　电动机正常工作时定子绕组接成三角形，启动时可先接成星形，等转速接近额定值时再换成三角形。这种启动方法设备简单，价格便宜，只需一只转换开关，其电路如图 6-13 所示。启动时先接通电源开关 SA_1，而后将转换开关 SA_2 搬向右侧，电动机定子绕组接成星形，转速达到一定转速后，将 SA_2 搬向左侧，即改接为三角形。此方法存在的问题是启动转矩下降过多，将降低到原先的 1/3，所以只能适用于轻载启动的电动机。在转矩满足要求的情况下，应优先采用。目前中国产的Y系列电动机，功率在 4kW 以上的都设计成在 380V 电压下作三角形连接，启动时可接成星形。

② 自耦变压器降压启动　电路如图 6-14 所示。启动时，将 SA_1 闭合，SA_2 置于降压启动位置，这时电源经自耦变压器降压后接到电动机上。自耦变压器的副绕组一般有三个，分别为额定电压的 40%、60%和 80%，电动机转速达到一定转速后将 SA_2 置于全压运行。

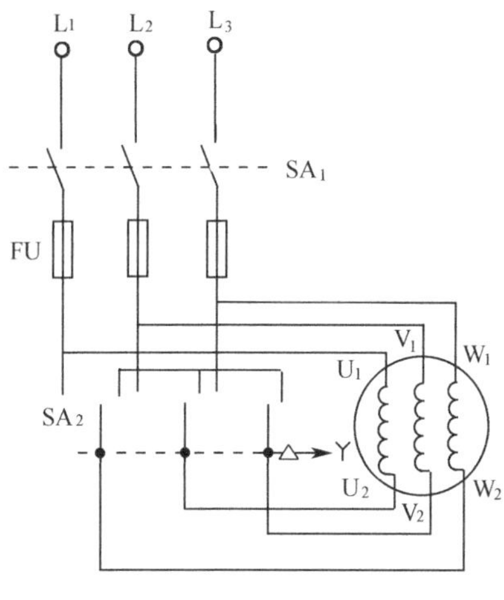

图 6-13　Y-△换接降压启动电路

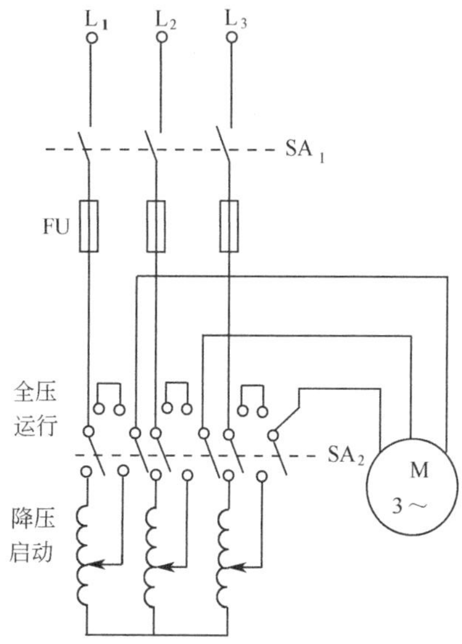

图 6-14　自耦变压器降压启动电路

因为变压器原、副边电流与匝数成反比，所以启动电流经降压减小后，反应到原边就会更小一些。所以启动电流小、启动转矩大是自耦变压器降压启动的优点，它的缺点是启动设备体积大、笨重、价格贵、维修不方便。目前应用较多。

6.4.2　三相异步电动机的调速

所谓调速是指负载不变时人为地改变电动机的转速。从 $n_2=(1-s)n_1=(1-s)\dfrac{60f_1}{p}$可以看出，异步电动机可通过改变电源频率 f_1、磁极对数 p 或改变转差率实现转速的改变。

(1) 变频调速

电动机需要设置专用的变频电源，现在的晶闸管变频电源已经可以把 50Hz 的交流电源转换成频率可调的交流电源，可以实现范围较宽的平滑调速，随着电子器件的成本不断降低和可靠性不断提高，这种调速方法的应用将越来越广泛。如图 6-15 所示为变频调速的方

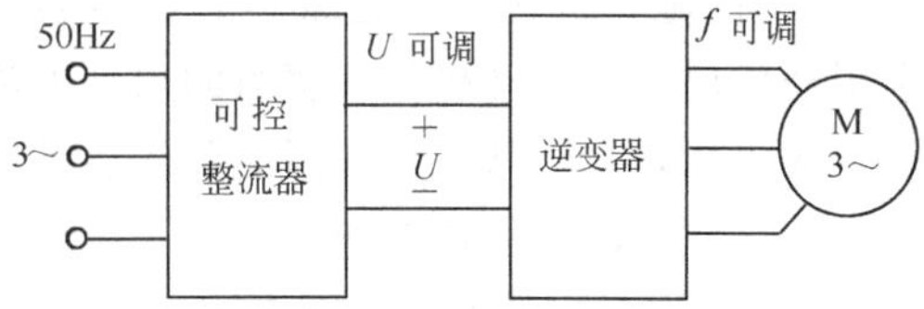

图 6-15 变频调速方框图

框图。

通过可控整流器把交流电整流成电压可调的直流电，再通过逆变器逆变成频率可调的交流电给电动机供电，从而使电动机的速度可调。

(2) 变极调速

异步电动机的三相绕组，若按特定的安排就可以通过改变定子绕组的接法来改变极对数 p，从而达到调速的目的。但这种调速只能是分级变速，不可能做到无级平滑调速。现在生产的 YD 系列多速电动机，通过改变定子绕组接法可以制作双速、三速、四速等几个品种。

(3) 改变转差率调速

降低电源电压就属于改变转差率调速。

用串联可变电抗器或用自耦变压器都可以降低电源电压，但因 $T \propto U^2$，电压降低使转矩降低太多，所以只能有很小的调速范围。对于电动机拖动的泵类、风机类负载还可以使用，因为这类负载的阻转矩随转速降低而减小，所以还可获得一定的调速范围，如家用电风扇大多采用此种方法调速。

6.4.3 三相异步电动机的制动

电动机切断电源之后，由于系统的惯性不可能立即停车，如果它带动的生产机械需要它在断电后立即停止就必须进行制动。制动可以采用机械制动装置，在这里主要介绍电磁制动。

(1) 能耗制动

当电动机的三相交流电源被切断之后，随即将定子绕组接到直流电源，此时电动机定子产生方向固定的磁场，如图 6-16 所示。短路的转子导体仍在转动并感应电流，在磁场中将受到制动力使电动机迅速停转。当电动机停转后，感应电流不复存在，转子导体也不再受力，制动过程完成，此时应将直流电源断开。

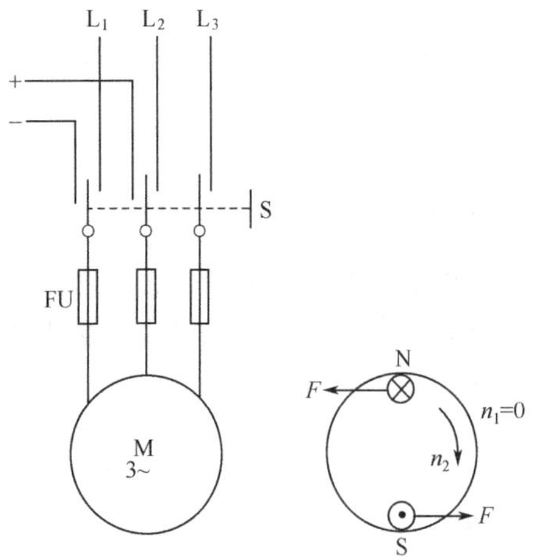

图 6-16 能耗制动

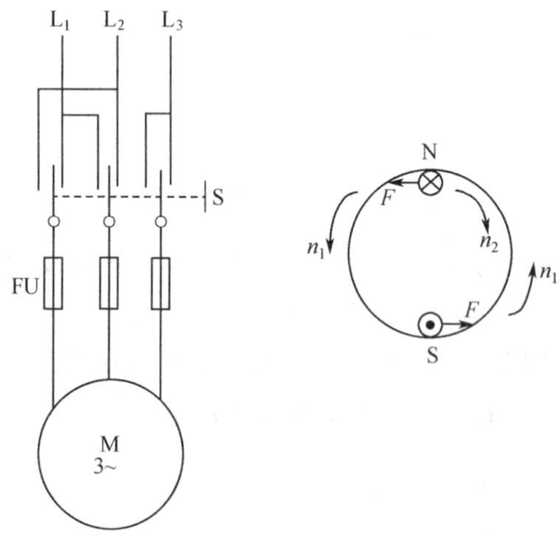

图 6-17 反接制动

(2) 反接制动

当电动机的电源被切断后，立即接到反接的三相交流电源上如图 6-17 所示，使其转子受反方向的作用力而迅速停转。应当注意：一旦转子停转，要及时迅速断开电源，否则电动机将反转。由于反接制动时流过定子绕组中的电流很大，故该法只适用于小功率三相异步电动机。

(3) 回馈制动

如果电动机拖动的位能性负载下落时，电动机反而被负载拖动，此时电动机定子绕组如果通电产生旋转磁场且转速为 n_1，而负载又拖动电动机使转子超过同步转速即转子转速 $n_2>n_1$，电动机的转子导体将受到反方向的作用力如图 6-18 所示。此时的重物将不致因自由下落不断加速造成危险，而在制动力的作用下匀速下落，使重物能平稳地放下。这种制动方式常在起重、运输设备中被应用。

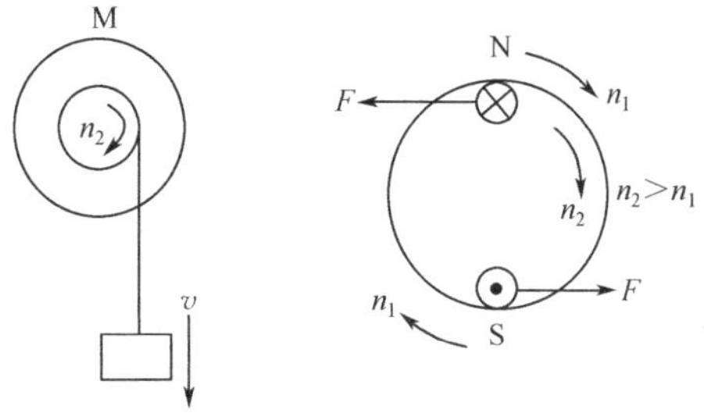

图 6-18 回馈制动

在上述制动状态下，电动机转子电流将反相，与之相应定子绕组中电流也要反相，电动机成为被下落的重物拖动的发电机，产生的能量将回馈给电源，所以称为回馈制动。

6.5 单相异步电动机

单相异步电动机是由单相交流电源供电的电动机，一般的市电 220V 的地方都可使用。单相异步电动机具有结构简单、成本低、噪声小、运行可靠等优点。因此，广泛用于家用电器、电动工具、自动控制和医疗器械中。单相异步电动机与同容量的三相异步电动机比较，它的体积较大、运行性能较差。因此，一般只制成小容量的电动机。中国现有产品功率从几瓦到几千瓦。

单相交流电通入单一的电动机定子绕组，在定子气隙中就产生一个脉振磁场，该脉振磁场轴线在空间固定不变，大小随时间做正弦规律变化。在这样的磁场作用下转子不能产生启动转矩而启动。应使其产生一个像三相异步电动机那样的旋转磁场，使其自行启动。常用的方法有分相法和罩极法两种。

6.5.1 电容分相式异步电动机

图 6-19 为电容分相式异步电动机的定子电路。其定子具有两个绕组 U_1U_2、V_1V_2。它们在空间互差 90°。其中 U_1U_2 称为工作绕组，流过的电流为 i_2，V_1V_2 绕组中串有电容器，称为启动绕组，流过的电流为 i_1。两个绕组接在同一单相交流电源上。适当选择电容器 C 的容量，可使两个绕组中的电流 i_1、i_2 相位差为 90°，这样在空间上互成 90°的两相绕组通入互差 90°的两相交流电，便产生了旋转磁场，如图 6-20 所示。

在旋转磁场的作用下，电动机的转子就会沿旋转磁场方向旋转。有的单相异步电动机不

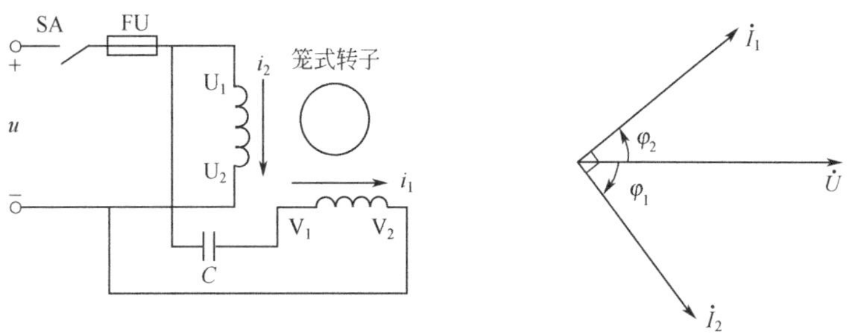

图 6-19 电容分相式异步电动机定子电路

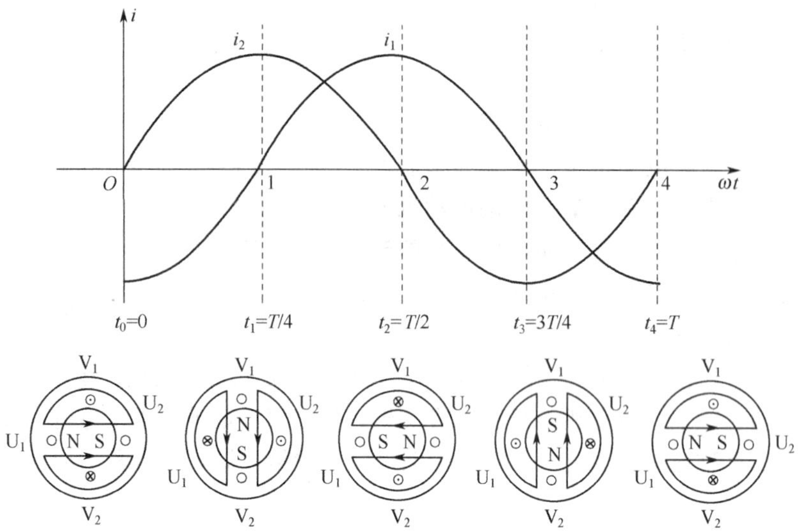

图 6-20 互差 90°的两相电流的旋转磁场

采用电容分相，而是采用在启动绕组中串入电阻的方法，使得两相绕组中的电流存在一定的相位差，也可以产生旋转磁场。

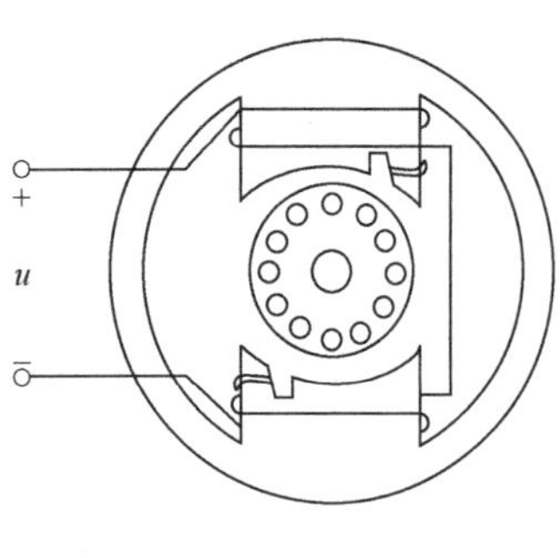

图 6-21 罩极式单相异步电动机结构图

电容分相式异步电动机改变转向的方法是将任一绕组的首末端互换。

6.5.2 罩极式单相异步电动机

罩极式单相异步电动机定子铁芯做成凸极式，转子仍为笼式。如图 6-21 所示。在定子磁极上开一个槽，将磁柱分成两部分，在较小磁极上套一个短路铜环，称为罩极。在磁极上绕有单相绕组，当通入单相交流电时，铁芯中便产生交变磁通。在交变磁通的作用下，铜环中产生感应电流。由楞次定律可知，感应电流产生的磁场将阻碍原来磁场的变化，使罩极穿过的磁通滞后于未罩铜环部分穿过的磁通，如同磁通总是从未罩部分向罩极移动。总体上看，好像磁场在旋转，从而获得启动转矩。图 6-22 表

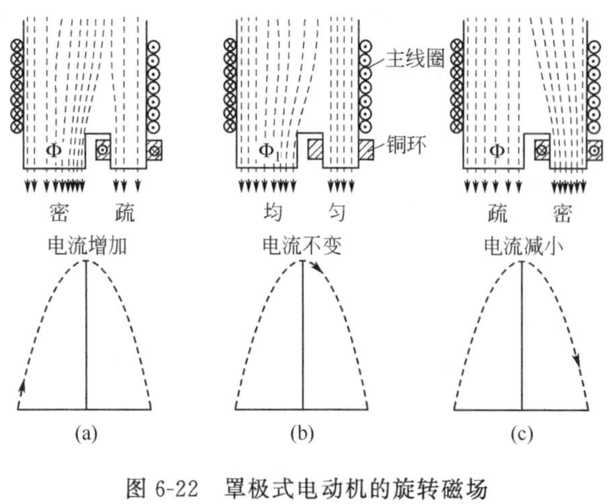

图 6-22 罩极式电动机的旋转磁场

示电流变化半周期磁通变化情况。

罩极上的铜环是固定的，而磁场总是从未罩部分向罩极移动，故磁场的转动方向是不变的，所以，罩极式单相异步电动机不能改变转向，它的启动转矩较分相式单相异步电动机的启动转矩小，一般用在空载或轻载启动的台扇、排风机等设备中。

小　结

① 三相异步电动机的基本结构及工作原理。

结构：定子是由硅钢片叠成的环形铁芯，沿轴向开槽，嵌入三相对称绕组，六个绕组端头引到机壳一侧的接线盒中，可星形连接或三角形连接。转子是内圆上开槽的硅钢片叠成的，槽内放导体条，两头短接，形成笼式短路绕组，通常为铸铝转子。

旋转磁场：空间上互差 120°放置的三相对称绕组通入三相对称电流即可产生旋转磁场。旋转磁场的转动方向由三相电流的相序决定，因此将三相电源线中任意两相对调，电动机的转向即改变。旋转磁场的转速 $n_1=\frac{60f_1}{p}$。

转动原理：转子导体在旋转磁场中切割磁力线感应电动势，因转子绕组短路而产生感应电流，电流在磁场中受力，对转轴形成转矩使转子转动。为保持转子导体在旋转磁场中切割磁力线，转子转速总是低于旋转磁场的转速即 $n_2<n_1$。称为“异步电动机”或“感应电动机”。

转差率：
$$s=\frac{n_1-n_2}{n_1}$$

② 三相异步电动机的铭牌参数。

主要参数：型号、额定输出机械功率 P_{2N}、额定电压 U_N、额定电流 I_N、额定转速 n_N、额定频率 f_N、功率因数 $\cos\phi_N$、效率 η_N、接法等。主要关系式：

$$\eta_N=\frac{P_{2N}}{P_{1N}}\times 100\% \qquad 其中$$

$$P_{1N}=\sqrt{3}U_N I_N \cos\phi_N$$

此外还有性能参数：启动能力 $K_{st}=T_{st}/T_N$，过载能力 $\lambda=T_m/T_N$ 等。

铭牌上除标注上述主要参数外，还常有以下参数：绝缘材料等级，防护等级，工作制，噪声等级等。

③ 三相异步电动机的运行性能。

空载：空载时 $n_2\approx n_1$，空载电流 $I_0\approx(20\%\sim50\%)I_N$，空载时 $\cos\phi$、η 都很低。运行中应避免长时间空载或轻载。

有载：轴上有载时 n_2 降低，I_1 增大，$\cos\phi$、η 有所提高。$I_1=I_N$ 称为满载，$I_1>I_N$ 称为过载，过载的极端情况是堵转，此时 $n_2=0$，$I_1=(4\sim7)I_N$，$I_1<I_N$ 称为轻载，轻载的极端情况时是空载。

机械特性：机械特性曲线上的三个特殊点，两个运行区域。从空载到满载转速 n_2 一般约降低 2%～6%，变化很小，称为硬机械特性。外加电源电压的波动对电动机的转矩有明显的影响，$T\propto U^2$。

④ 三相异步电动机的启动。

直接启动（全压启动）：方法简单，启动电流大，启动转矩尚可，一般用于容量 10kW 以下电动机的启动。

降压启动：先低压启动，后全压运行。启动电流将随降压而减小，但启动转矩与电压的平方成正比，降低幅度较大，对启动不利，因此降压幅度必须适当。常用降压方法有星形—三角形换接、自耦变压器降压等。

⑤ 三相异步电动机的调速。

变频调速：可以做到宽范围平滑调速，用晶闸管变频电源供电，是日益被广泛应用的方法。

变极调速：只能实现分级调速，一般为双速，最多四速。

变压调速：只有很小的调速范围。

⑥ 三相异步电动机的制动。

能耗制动：电动机切断工作电源后迅速接到直流电源上，至电动机停转将直流电源切断。

反接制动：电动机切断工作电源后，迅速接入相序相反的电源，电动机停转必须立即切断电源以免反转。

回馈制动：起重设备中，重物下落拖动电动机转子使其超过同步转速，从而产生制动力使重物匀速平稳下落。电动机成为发电机，能量回馈电网。

⑦ 单相电动机。

单相电源只能产生脉振磁场，要通过电容分相或罩极的方法产生旋转磁场。转子仍为笼型转子。

思考题与习题

6-1 若在图 6-7 中，将 i_U 与 i_V 互换，即 i_U 通入绕组 V_1V_2。i_V 通入绕组 U_1U_2，画出 t_0、t_1、t_2、t_3、t_4 时刻旋转磁场的方向，与图 6-7 比较看其是否反转。

6-2 三相笼型异步电动机的转动原理，转子转速为何达不到同步转速。

6-3 两台三相异步电动机，其额定转速分别为 1440r/min、950r/min，它们的磁极数各是多少？额定转差率分别为多少？

6-4 试根据三相异步电动机的机械特性曲线说明电动机的启动过程。

6-5 额定状态下三角形连接的电动机，启动时做星形连接，此时启动转矩、启动电流与直接启动时相比有何变化。

6-6 简述电容分相式单相异步电动机的工作原理。

6-7 有 Y-160M-2 和 Y-180L-8 型电动机各一台，额定功率都是 11kW，但前者额定转速为 2930 r/min，后者额定转速为 730r/min，试求：①它们各自的转差率；②它们各自的额定转矩（电源的频率为 50Hz）。

6-8 已知 Y-180M-4 型电动机额定功率为 18.5kW，额定转速为 1470r/min，电源频率为 50Hz，过载能力 2.2，启动能力 2.0，求最大转矩和启动转矩。

6-9 已知 Y-225M-4 型电动机名牌数据为：55kW，380V，三角形连接，1480r/min，功率因数 0.88，效率 92.6%，$I_{st}/I_N=7.0$，$T_{st}/T_N=1.9$，求：

① 额定运行时线电流、相电流、输入功率；

② 直接启动时的启动电流、启动转矩；

③ 若采用星形降压启动，启动电流、启动转矩又为多少；

④ 若降压启动时所带负载为额定转矩的 80%，试计算电动机能否带负载直接启动。

6-10 图 6-23 所示为一台单相电容分相式异步电动机定子电路图，试分析电源分别接通 1、2 时，电动机的转动方向有何变化？为什么？

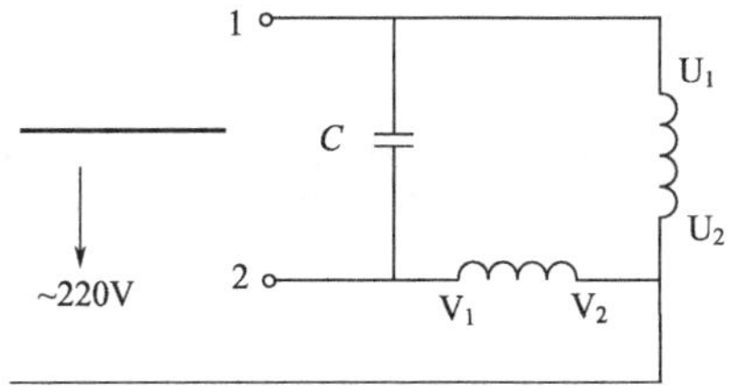

图 6-23　习题 6-10 图

6-11　图 6-24 为一台单相电容分相式五速电风扇调速电路，试分析其调速原理。

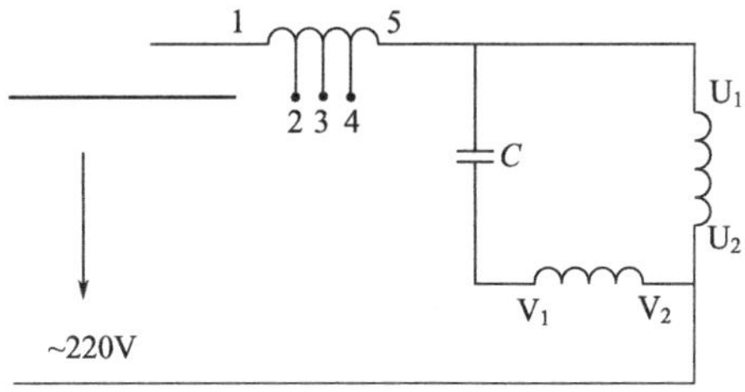

图 6-24　习题 6-11 图

7　继电接触式控制线路

绝大多数生产机械都是以电动机为动力来拖动，电动机的自动控制中最常见的是继电接触式控制线路，又称电气控制。本章以三相交流电动机为控制对象，介绍各种低压电器元件的基本结构、动作原理以及它们的功能，然后在基本单元控制电路的基础上，分析电动机的正、反转控制，多地点控制，行程控制，和延时控制等几种典型的继电接触式控制线路。

7.1　常用低压电器

电器是指对电路起开关、控制、保护和调节等作用的电气设备。工作在交流 1000V、直流 1200V 以下的电器为低压电器。

7.1.1　开关

开关是用于接通和断开电路的电器，常用的有刀开关、组合开关和自动空气断路器。使用开关时应注意它的几项主要技术参数。

① 额定电压　在工作时允许的最大电压限额。

② 额定电流　在接通电路后允许长期通过的电流限额、电流超过了额定值，开关的触点过热，将缩短寿命或烧坏。

③ 断流能力　电路被分断时，在开关触点的分断处可能产生电弧。电流越大，电压越高，电弧越难熄灭。电弧不灭，电路仍接通，电弧的高温一方面可能烧坏触点，使开关损坏。另一方面还可能灼伤工作人员，甚至造成火灾、爆炸等事故。开关的结构和灭弧措施决定它的断流能力，是开关的一项重要技术参数。

若开关的断流能力小于额定电流，它不能带负载切断电路，只能在负载都停止工作后，用它切断电源电压，使电路与电源隔离以便于安全检修，所以这类开关也称为隔离开关。

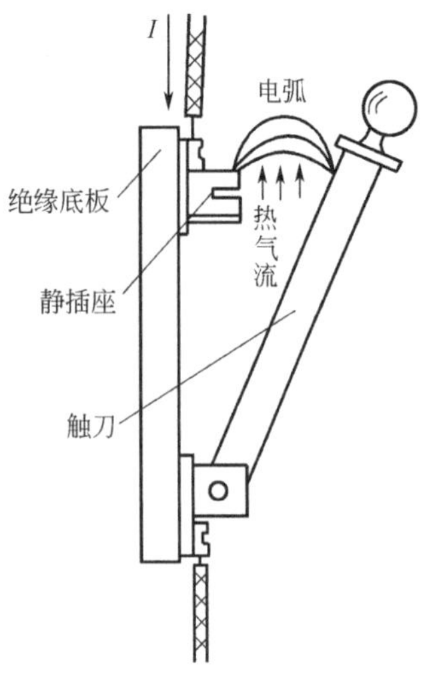

图 7-1　刀开关基本结构

若开关的断流能力等于额定电流，它可以在正常工作电流下控制电路的通断，被称为负荷开关。有的负荷开关可以分断超过额定电流不多的过载电流，但是决不能分断短路电流。

若开关的断流能力远大于额定电流，它不仅能在正常情况下控制电路通断，当出现短路故障时，也能顺利熄灭电弧把电路切断，所以这类开关被称为断路器。

(1) 刀开关

基本结构如图 7-1 所示。它有单极、双极和三极之分，安装时刀口应朝上，切断电路产生电弧时，热气流上升将电弧拉长易于熄灭。

在大电流电路中，刀开关常常只用作隔离开关，电流较小的场合常用作负荷开关。在这里介绍两种常用的刀开关。

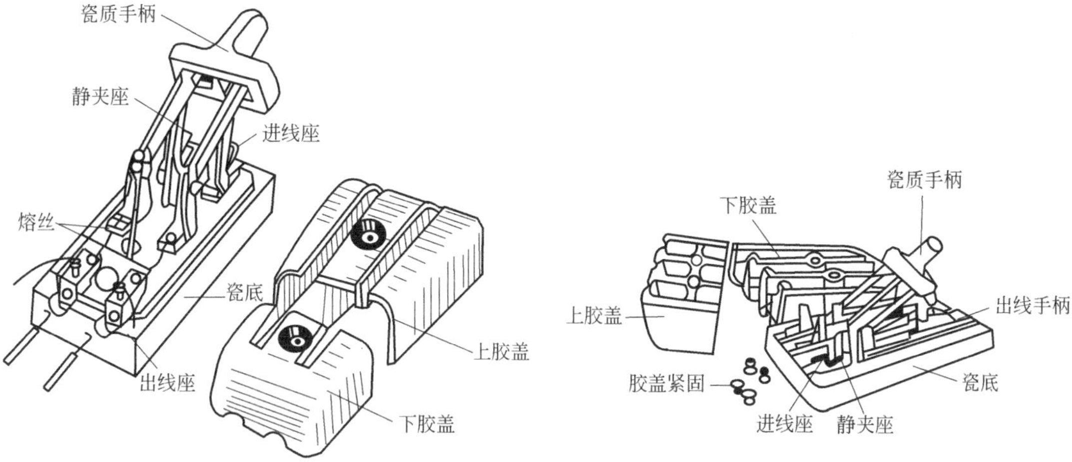

图 7-2　瓷底胶盖闸刀开关

① 开启式负荷开关（瓷底胶盖闸刀开关）　图 7-2 是 HK 系列闸刀开关的基本结构。它由刀开关和熔断器组合而成，都装在瓷底板上。胶盖用来保证操作人员操作时不触及带电部分，且电弧不会飞出胶盖而灼伤操作人员。熔断丝对被控制线路起短路保护作用。

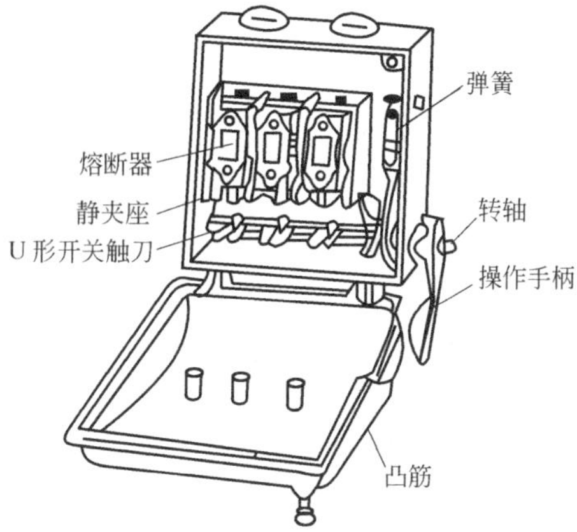

图 7-3　HH3 铁壳开关

常用于电源电压不高于 380V、电流不超过 60A 的电力线路中，作为照明、电热等电路的控制开关；降低容量后还可用来不频繁地启动和停止小容量的电动机。

② 封闭式负荷开关（铁壳开关）　常用的 HH 系列铁壳开关结构与外形如图 7-3 所示，它由刀开关、熔断器、灭弧装置、操作机构和钢板（或铸铁）做成的外壳构成。铁壳盖上有凸筋，使盖子打开时手柄不能合闸和手柄合闸时盖子不能打开，以保证操作安全。

铁壳开关适用于各种配电设备中，供手动不频繁地接通和分断负载电路，并可控制交流异步电动机的不频繁直接启动及停止，具有短路保护功能。

铁壳开关使用时应注意：

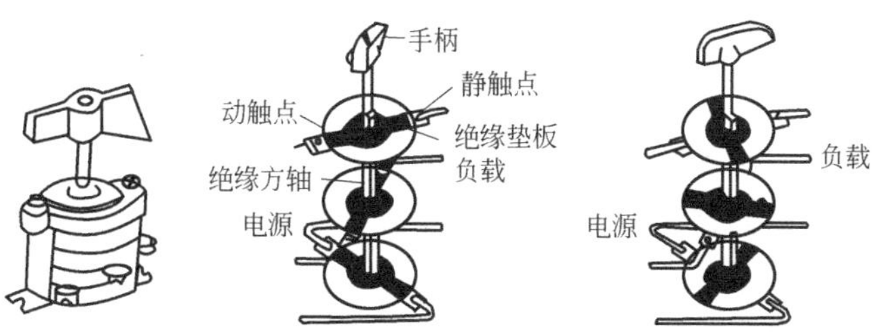

图 7-4　HZ10 组合开关

① 铁壳开关不允许随意放在地面上使用；

② 操作时不要面对开关，以免意外故障电流使开关爆炸，铁壳飞出伤人；

③ 开关外壳应可靠接地，防止意外漏电造成触电事故。

（2）转换开关（组合开关）

可用做负荷开关，开、停小型异步电动机，或在机床或其他设备的电源引线上用作隔离开关。图 7-4 为 HZ10 系列转换开关的外形、结构，它是由几层胶木绝缘触点座叠装而成，三对静触片，每个触片的一端固定在绝缘垫板上，另一端伸出盒外，用来连接线路。三个动触片套在装有手柄的绝缘轴上，手柄每转动 90°，触点就从接通转换为分断（或由分断转换为接通）一次。图 7-5 为转换开关的结构示意图和符号。

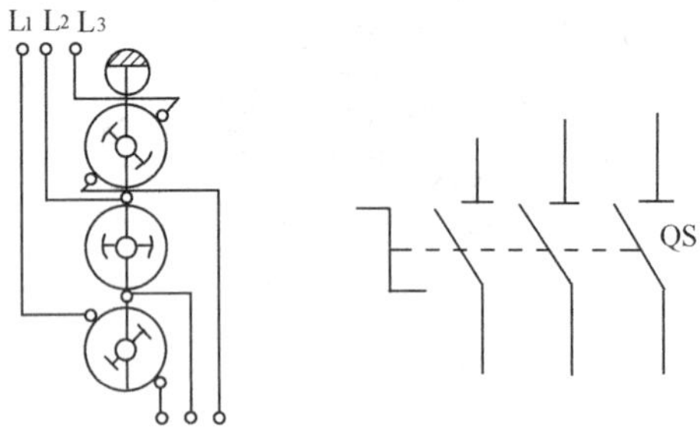

(a) 结构示意图　(b) 符号

图 7-5　转换开关的结构示意图和符号

（3）自动空气断路器（自动空气开关）

自动空气断路器是低压配电网络和电力拖动系统中非常重要的一种电器，它除在正常时可以接通、断开电路和控制电动机之外，还可以在电路发生严重过载、短路和失压（欠压）时自动切断电路，且有很强的分断能力。图 7-6 是自动空气断路器的外形及结构原理图。

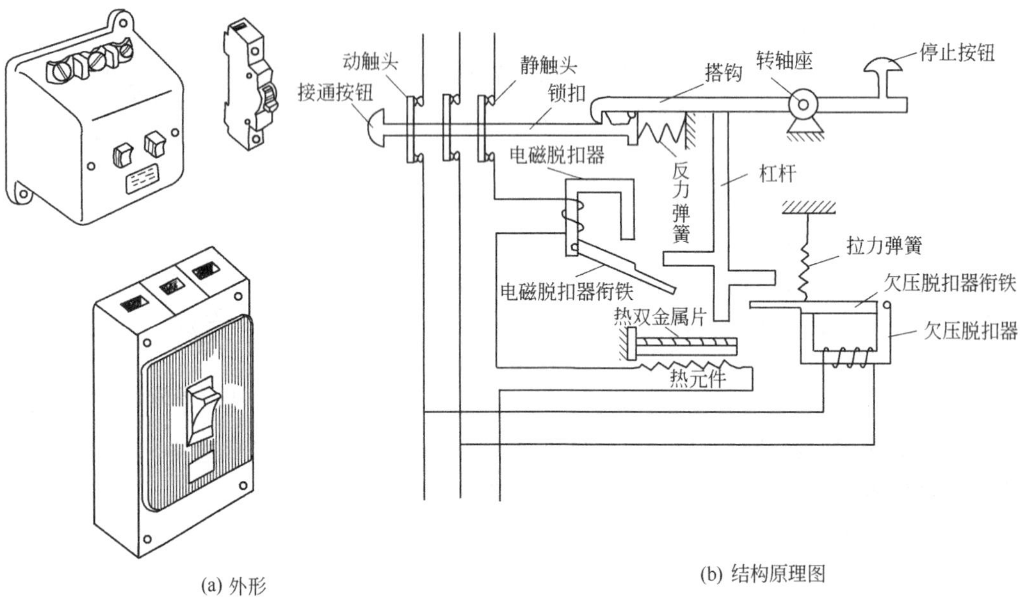

(a) 外形　(b) 结构原理图

图 7-6　自动空气断路器的外形及结构原理图

图 7-7 是断路器的触点及灭弧装置。

一般在正常情况下断路器需要手动分、合闸，出现故障时自动跳闸，故障排除后再手动合闸，手动合闸后处于图示状态，锁扣被搭钩钩住。

工作原理：过载时热元件使双金属片受热向上弯曲，杠杆推动搭钩脱开，锁扣在反力弹簧的作用下向左移动带动主触点断开。双金属片受热有一定的延时，适用于过载保护。短路时电磁脱扣器的电磁铁吸起衔铁，触动杠杆推动搭钩断开电路。电磁脱扣器为瞬时动作适用于短路保护。在电源电压过低或停电时，欠压脱扣器的电磁铁释放，衔铁被拉力弹簧拉向上方，同样触动杠杆使电路断开。欠压保护可以在电压过低不能正常运行时自动切断电路，还可以在电源停电后又重新恢复供电时，不至于在无准备的情况下使线路上的所有负载同时通电启动造成事故。前两种保护在图中只画出了保护装置的一相，实际的断路器，三相都有相同的装置。

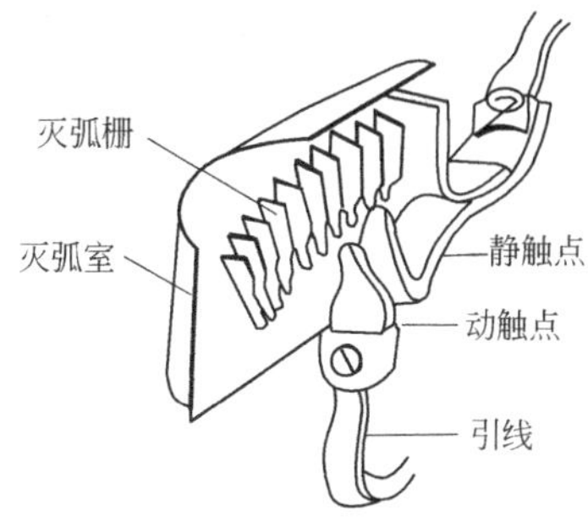

图 7-7 断路器的触点及灭弧装置

常用的自动空气断路器有 DW 系列（框架式）和 DZ 系列（塑壳式）。

7.1.2 熔断器

熔断器是简单的保护电器，它串接在电路中主要起短路保护作用。熔断器主要由熔体和安装熔体的熔管组成。熔体串接在被保护电路中，当电路严重过载或短路时，熔体熔断将电路切断。常用的熔体材料有铅锑合金、铅锡合金、铝、铜、银等。不同的材料有不同的反延时熔断特性，一般来说，低熔点的金属，熔断延时较长，高熔点的金属延时较短。注意：熔断器中所装熔体的额定电流应小于或等于熔断器的额定电流。

常用的熔断器有以下几种型式。

（1）RC1A 系列瓷插式熔断器

图 7-8 为 RC1A 系列瓷插式熔断器的外形结构。它是由瓷座、瓷盖、动触头、静触头和熔丝五部分组成。使用时，电源线与负载线可分别接于熔断器瓷座的接线座上，瓷盖动触头装上熔丝，将瓷盖插入瓷座上即可。该熔断器结构简单、价格低廉，更换熔体方便。一般用于 500V 以下、200A 以内的电路做短路保护。

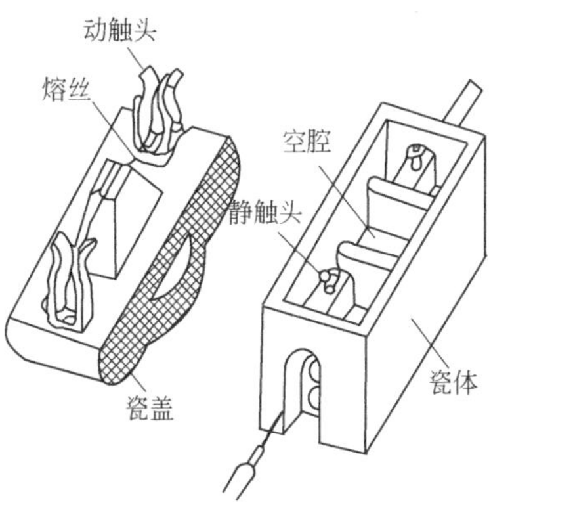

图 7-8 RC1A 系列瓷插式熔断器

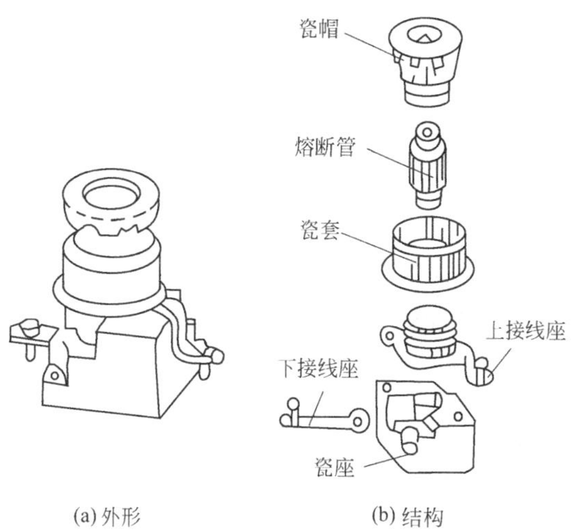

图 7-9 RL1 系列螺旋式熔断器

（2）RL1 系列螺旋式熔断器

图 7-9 为 RL1 系列螺旋式熔断器的外形结构，也用于 500V 以下、200A 以内的电路，主要由瓷帽、熔断管、瓷套、上、下接线座及瓷座等组成。熔断管内放置熔体并填充石英砂（石英砂用于熄灭电弧）。熔断管上有熔体熔断的信号指示装置（安装时信号指示点在上面），熔体熔断后，色点自动脱落，便于发现更换。

(3) RT0系列有填料封闭管式熔断器

图7-10是RT0系列有填料封闭管式熔断器的外形结构，熔体放在全封闭的瓷管内，管中填充石英砂，它有较大的断流能力，广泛用于短路电流很大的电力网络或低压配电装置中。

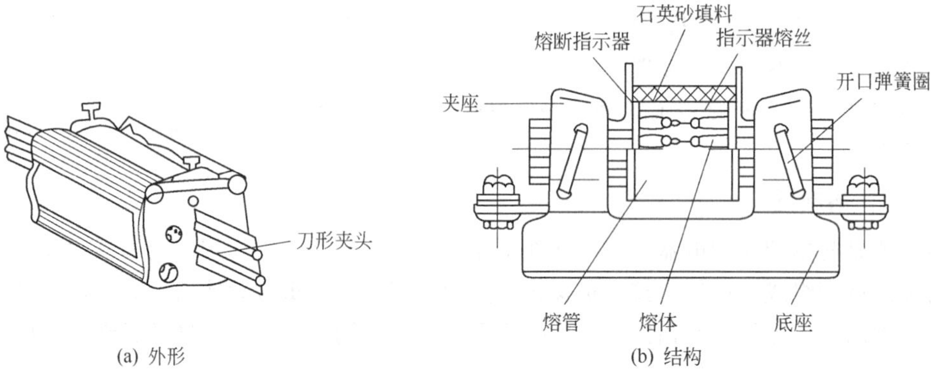

图7-10 RT0系列有填料封闭管式熔断器

7.1.3 交流接触器

接触器是一种用来接通或分断带有负载的交流主电路或大容量控制电路的自动化电器。它主要的控制对象是电动机、变压器等电力负载。还具有零压保护、欠压保护作用。

交流接触器的外形和结构如图7-11(a)、(b)所示。它由电磁机构、触头系统、灭弧装置等部分组成。

电磁机构由静铁芯、励磁线圈及动铁芯组成。励磁线圈装在静铁芯上，当励磁线圈中通入交流电后，其电磁吸力将动、静铁芯吸合，动铁芯上连着交流接触器的所有动触点，动铁芯被吸合并带动所有的动触点向相反状态动作，同时压缩弹簧；励磁线圈断电时，动铁芯在弹簧反作用力的作用下被弹起，触点恢复常态（线圈不带电时触点所处的状态，包括常开和常闭两种状态）。

图7-11(c)是交流接触器的图形符号和文字符号。

7.1.4 主令电器

按钮、行程开关是在自动控制系统中发出指令或信号的操纵电器，称为主令电器。其作用是用来切换控制电路，使电路接通或分断，实现对电力拖动系统的各种控制。

(1) 按钮

按钮是一种手动操作接通或分断小电流控制电路的主令电器。一般情况下它不直接控制主电路的通断。按钮内部有复位弹簧存在，当松手去掉外力后，按钮恢复原位。图7-12为按钮的结构示意图和电路符号。

① 常闭按钮：按下按钮帽后，触头1—2被切断，松开后复位。

② 常开按钮：按下按钮帽后，触头3—4被接通，松开后复位。

③ 复合按钮：按下按钮帽后，触头1—2被切断，然后触头3—4被接通，松开后复位。

(2) 行程开关

行程开关又称位置开关或限位开关。也是一种主令电器，和控制按钮一样有常开和常闭

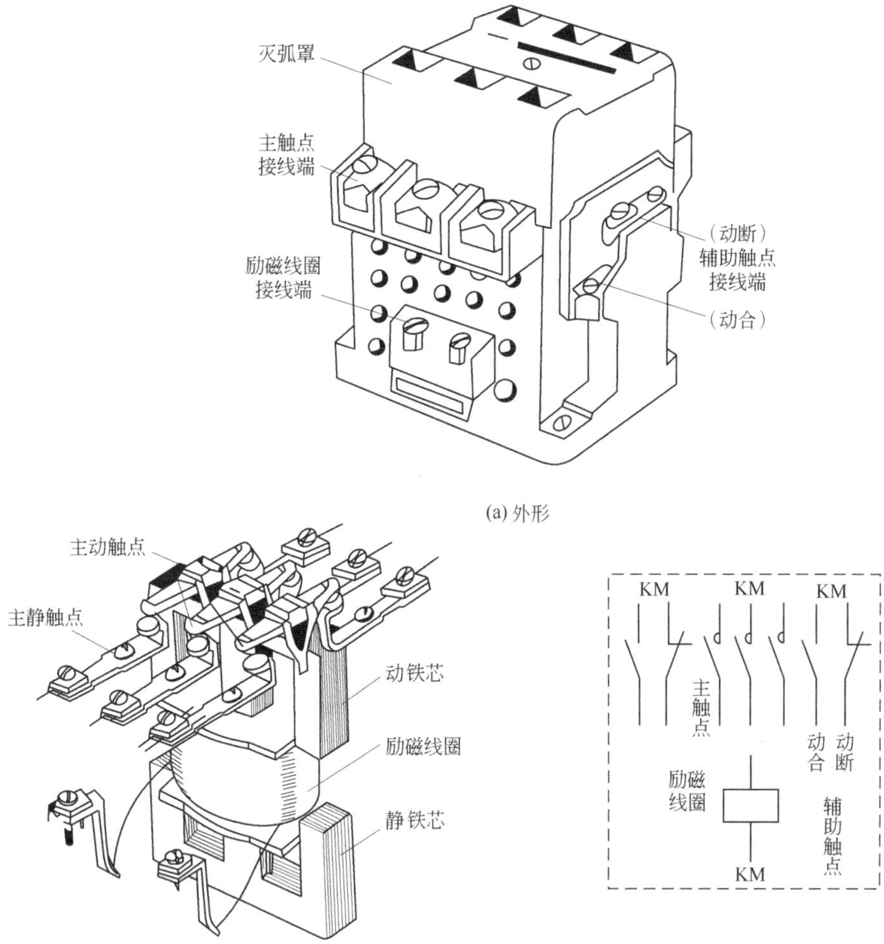

(a) 外形　(b) 结构　(c) 符号

图 7-11　交流接触器

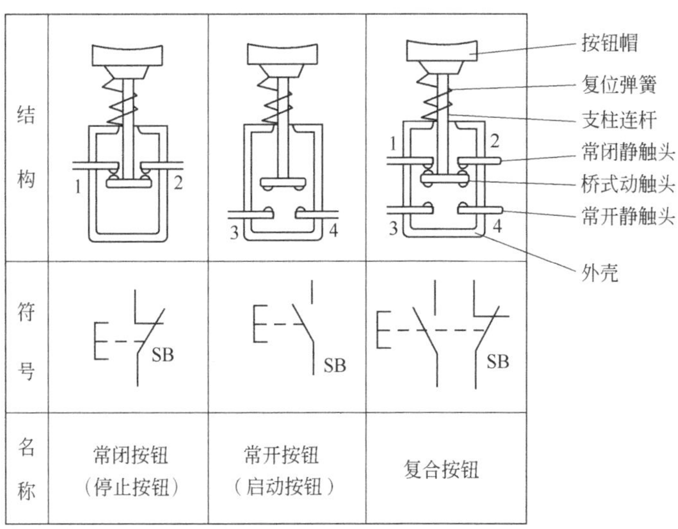

图 7-12　按钮的结构示意图和电路符号

触点各一个。但它不是用手按动，而是利用生产设备运动部件的机械位移碰撞行程开关，使其触头动作，将机械信号变为电信号，从而达到限制机械运动的位置或行程。

行程开关的动作部分有按钮式和旋转式两种，如图 7-13 所示。旋转式又有单轮、双轮之分。按钮式和单轮旋转式是压下即动作，松开即复位的自动复位式。而双轮旋转式则是拨动一侧的转轮时触点动作，需向相反方向拨动另一侧的转轮它才复位。

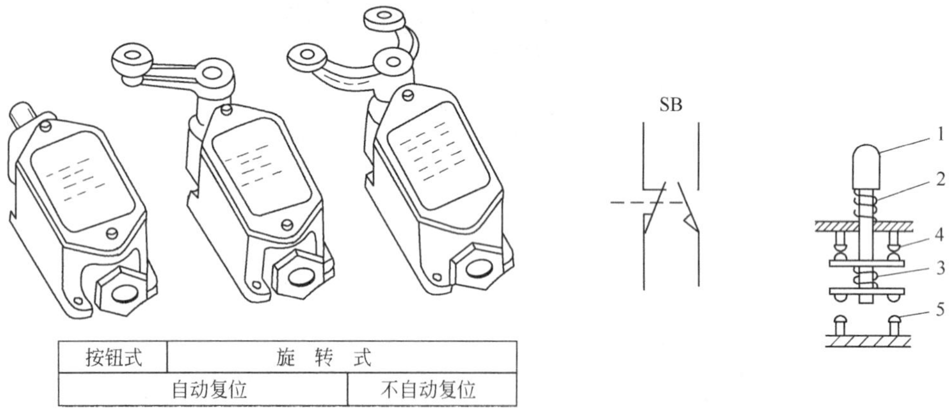

(a) 类型 (b) 符号 (c) 原理图

图 7-13 行程开关

1—杠杆；2—弹簧；3—触点弹簧；4—常闭触点；5—常开触点

7.1.5 继电器

继电器是一种根据电量或非电量（如电压、电流、转速、时间、温度等）的变化，接通或断开控制电路，实现自动控制和保护电力拖动装置的电器。

继电器一般不是用来直接控制较强电流的主电路，主要用于反映控制信号，因此同接触器比较，继电器触头的分断能力很小，一般不设灭弧罩。

继电器的种类很多，下面只介绍热继电器、时间继电器。

(1) 热继电器

热继电器其外形、结构和图形符号如图 7-14 所示。热元件串联在给电动机供电的主电路中，当电动机过载时，热元件发热使双金属片向左弯曲，通过绝缘导板推动补偿双金属片沿轴 1 转动，推杆触及片簧 1，在片簧 2 和弓形弹簧片的作用下，使触点向相反状态动作，一般有常开和常闭两个触点。用于电动机的过载保护。

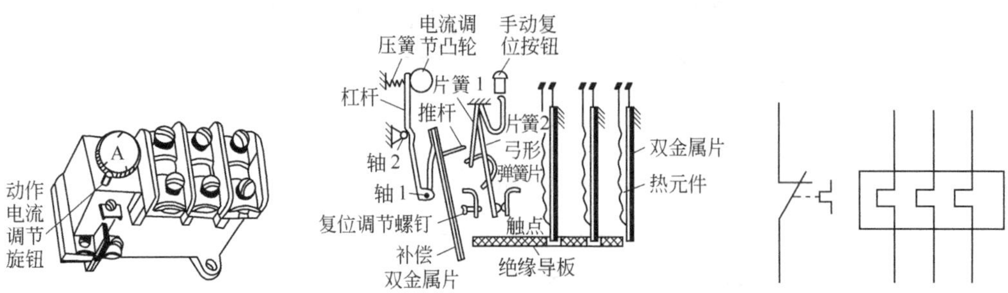

(a) 外形 (b) 结构 (c) 符号

图 7-14 JR16 热继电器

热继电器动作之后，若电动机故障已排除，继电器可通过手动复位或自动复位使其复位，手动复位功能和自动复位功能可通过调节复位螺钉切换。调节动作电流可转动电流调节凸轮。

在使用热继电器时，选用继电器的热元件额定电流时，应根据电动机的额定电流大小来选择。通常热继电器的热元件额定电流（动作电流）应等于电动机的额定电流。中国产热继电器有JR0、JR10及JR16等系列产品。

(2) 时间继电器

时间继电器是一种能控制动作时间的继电器，其特点是电磁线圈通电后其触头经过一定时间间隔（延时）才动作。

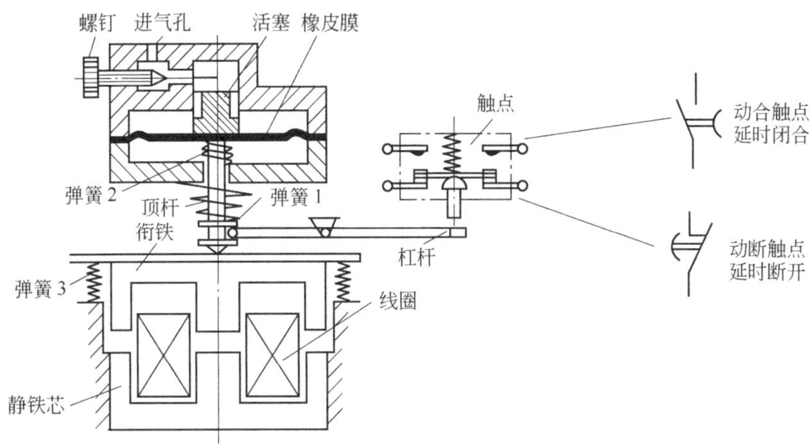

图7-15　JS7-A空气阻尼式时间继电器

时间继电器有通电延时和断电延时两种，如图7-15所示为JS7-A系列空气阻尼式通电延时继电器。动作过程：当吸引线圈通电时，动铁芯被吸下，使铁芯与活塞杆之间有一段距离，在释放弹簧的作用下，活塞杆向下移动。由于活塞上固定有一层橡皮膜，因此当活塞向下移动时，橡皮膜上方空气变稀薄，压力减小，而下方的压力加大，限制了活塞杆下移的速度。只有当空气从进气孔进入时，活塞杆才继续下移，直至压下杠杆，使触点动作。可见，从线圈通电开始到触点动作需要经过一段时间，即为继电器的延时时间。旋转调节螺钉，改变进气孔的大小，就可调节延时时间的长短。线圈断电后复位弹簧使橡皮膜上升，空气从单向排气孔迅速排出，不产生延时作用，所以触点瞬时复位。

时间继电器的触点有延时闭合和延时断开两种。时间继电器的符号如图7-16所示。

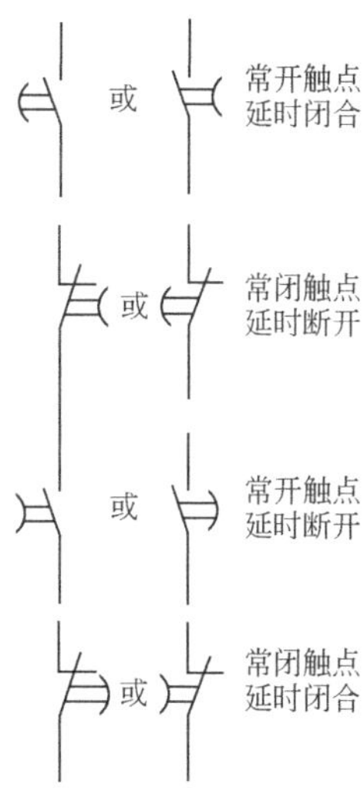

图7-16　延时触点符号

空气阻尼式时间继电器同样也可制成断电延时型，形成功能完整的产品系列，它们结构简单，价格低廉，但延时误差较大，难以用在精确的延时时间电路上。目前半导体时间继电器发展很快，它精度高、体积小，调节方便，寿命长，因此使用日益广泛。

7.2 三相异步电动机基本控制电路

电气原理图的绘制原则。

① 原理图一般分为主电路和控制电路两部分，主电路包括从电源到电动机的电路，是负载电流通过的部分，主电路中的电流较大，用粗实线画在原理图的左边，主电路中有启动电器、保护用的熔断器、热继电器的热元件、交流接触器的主触头。控制电路是通过小电流的电路，一般是由按钮、电器元件的线圈、接触器的辅助触点、继电器的触点等组成的控制电路、照明电路、信号电路及保护电路等，用细实线画在原理图的右边。

② 原理图中各电器元件，一律采用国家标准规定的图形符号绘出，用国家标准规定的文字符号标记。

③ 采用电器元件展开图的画法。

④ 所有按钮、触点均按没有外力作用和没有通电时的原始状态画出。

7.2.1 三相异步电动机的启动电路

(1) 点动控制

生产机械除需正常连续运转外，往往还需要做调整运动，这时就要进行点动控制。电路如图 7-17 所示。

① 电路的工作过程　先接通三相电源开关 QS。

② 启动过程　按下 SB→KM 线圈得电→KM 主触点闭合→电动机 M 通电运转。

③ 停止过程　松开 SB→KM 线圈失电→KM 主触点断开→电动机 M 断电停止运转。

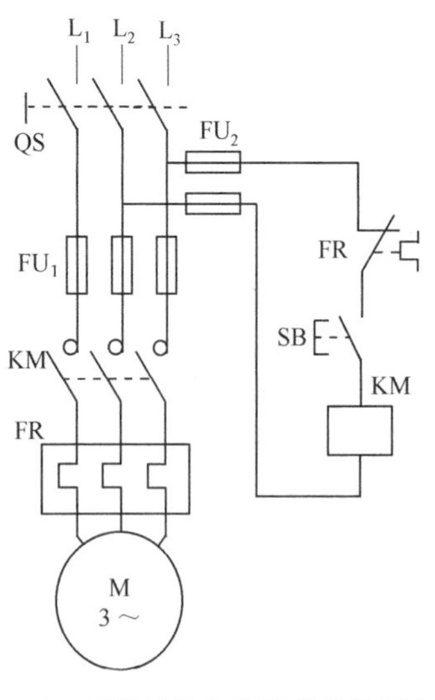

图 7-17　三相异步电动机点动控制电路

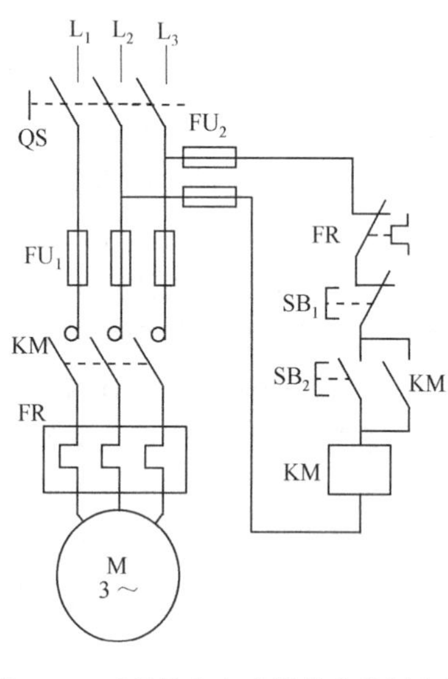

图 7-18　三相异步电动机基本控制电路

(2) 基本控制电路（连续控制）

在实际应用中经常要求电动机能够长时间转动，这种控制就是连续控制。电路如图 7-18 所示。

① 电路的工作过程　先接通三相电源开关 QS。

② 启动过程　按下 SB_2→KM 线圈得电→KM 主触点闭合（同时与 SB_2 并联的 KM 常开辅助触点闭合）→电动机 M 通电运转。

当松开 SB_2 时，KM 线圈仍可通过其常开辅助触点保持通电，从而使电动机连续转动。这种依靠接触器自身的辅助触点保持线圈通电的电路称为自锁电路，起到自锁作用的 KM 常开辅助触点叫自锁触点。

③ 停止过程　按下 SB_1→KM 线圈失电→KM 主触点、辅助触点断开→电动机 M 断电停止运转。松开 SB_1，因此辅助触点 KM 已断开，控制电路不会再恢复通电。

④ 电路的保护环节

- 短路保护　熔断器 FU_1 和 FU_2 起短路保护作用。
- 过载保护　电动机过载时，热继电器的热元件 FR 温度升高，热继电器动作，使其接在控制电路中常开触点断开，切断了接触器励磁线圈的电路，使电动机停止转动。
- 失压(欠压)保护　电源电压过低或停电时，励磁线圈产生的吸力不够，也能自动切断电路。

7.2.2　三相异步电动机的正、反转控制电路

在实际工作中，常常要求电动机能够实现正反两个方向的转动，例如机床工作台的前进与后退、起重机吊钩的提升与下降等。由电动机的原理可知，只要把电动机的三相电源进线中任意两相对调，即可改变电动机的转动方向。在主电路中，交换两根电源线的工作是由两个交流接触器来完成的，如图 7-19 三相异步电动机的正、反转控制电路所示，交流接触器 KM_1 的主触点闭合，电动机正转；交流接触器 KM_2 的主触点闭合，电动机反转。

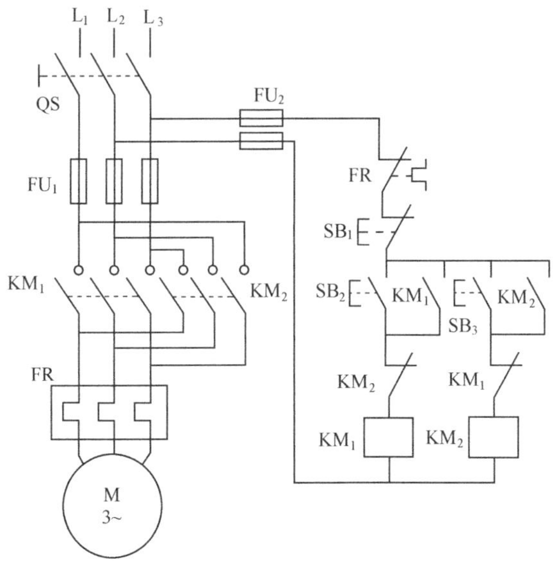

图 7-19　三相异步电动机的正、反转控制电路

电路的工作过程

正转：按下 SB_2→KM_1 线圈得电→
- →KM_1 主触点闭合→电动机 M 通电运转
- →KM_1 常开辅助触点闭合
- →KM_1 互锁触点断开实现对 KM_2 的互锁

停止：按下 SB_1→KM_1 线圈失电→KM_1 主触点、常开辅助触点断开→电动机 M 断电停

止运转。

反转原理同正转。

为防止误操作时把两个启动按钮同时按下，或电动机正转时又按下反转启动按钮、反转时又按下正转启动按钮，致使 KM_1 和 KM_2 两组主触点同时接通造成短路，把接触器 KM_1 和 KM_2 的一个常闭辅助触点，分别串入对方的控制支路中，构成互锁。这就使控制电路中只要其中一条支路通电，另一条支路即使按下启动按钮也不可能再通电。只有按停止按钮使其断电后，再按另一个启动按钮，电动机才能再启动并改变转动方向。也就是说正转向反转、反转向正转的过渡必须经过停车。

图 7-20 是正、反转控制电路的另一种形式，它使用了控制按钮的一对复合触点。例如：按下反转启动按钮 SB_3 时，它的常闭触点先断开了 KM_1 的控制电路，紧接着又接通了 KM_2 的控制电路，不会造成 KM_1 和 KM_2 两个线圈同时通电。同理，按下 SB_2，电动机也立即从反转改为正转。这种控制方法，只能用于转动惯性很小的小功率电动机。大型电动机在转动过程中突然改变转向，会出现一个瞬时的大电流，并对其机械部分造成一个冲击。所以必须先停车，然后再改变转向。

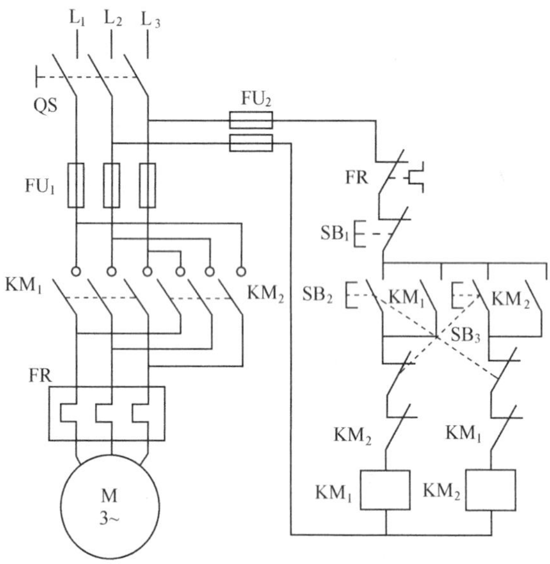

图 7-20 直接改变转向的正、反转控制电路

7.2.3 行程控制

图 7-21 是用行程开关控制的自动往复工作台的控制电路。电动机驱动工作台平移，电动机不断改变转向使工作台往复运动。电动机的控制电路与图 7-19 和图 7-20 相比较可看出，SB_2、SB_3 的功能与图 7-19 相同，用于电动机初始正转或反转的启动；SB_4、SB_5 行程开关相当于图 7-20 中的 SB_2、SB_3，但它不是用手按动，而是用工作台上的挡铁来拨动，工作台在平移到一定位置时，拨动其中一个行程开关，电动机反转，工作台即反向移动。到另一端，拨动另一个行程开关，电动机正转，工作台又平移返回。如此周而复始。

若 SB_4 或 SB_5 出现故障，触点不切换，电动机不反转，工作台就会越过规定的范围，而 SB_6、SB_7 限定了它的位置。挡铁拨动 SB_6 或 SB_7 都可使其常闭触点切断电路，电动机停止转动，称为终端保护。

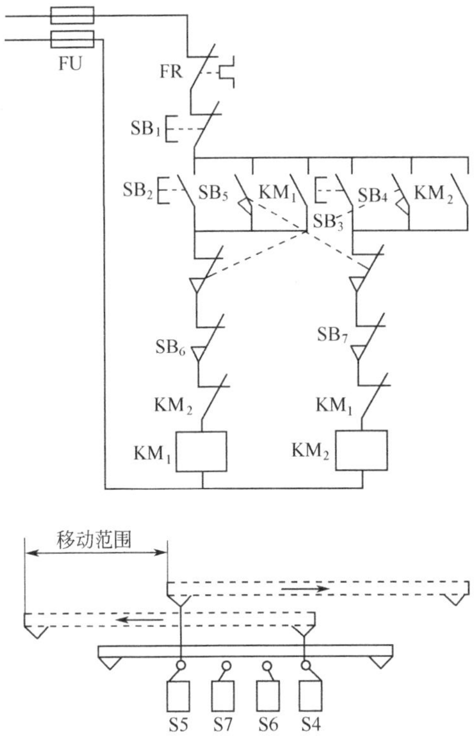

图 7-21 自动往复工作台控制电路

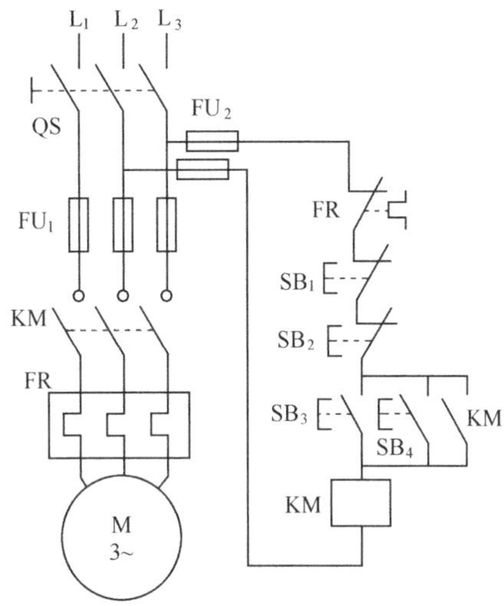

图 7-22 电动机的两地点控制电路

7.2.4 多地点控制

能在多地点控制同一台电动机的控制方式叫电动机的多地点控制。

以两地点控制为例，如图 7-22 所示。两地点控制一定要有两套启、停按钮，两个启动按钮并联，两个停止按钮串联。多地点控制方式原理相同。

7.2.5 延时控制

以三相异步电动机的星形-三角形换接降压启动控制为例，如图 7-23 所示。

电动机正常运行时接成三角形，启动时接成星形，以实现降压启动，启动完成再换成三角形接法运行。电路的工作过程如下。

- 首先接通三相电源开关 QS。
- 启动

按下启动按钮 SB_2 →
- →KM 线圈得电 →
- →KM_1 线圈得电→

（KM 线圈得电、KM_1 线圈得电）→电动机接成星形，降压启动

- →KT 线圈得电→延时一定时间→
  - →KT 的常闭触点断开→KM_1 线圈失电→
  - →KT 的常开触点闭合→KM_2 线圈得电→

→电动机接成三角形（与此同时，KM_2 常闭辅助触点断开→KT 线圈失电），此时电动机进入正常运行。

- 停止 按下停止按钮 SB_1→KM、KM_2 线圈失电→电动机停止运转。

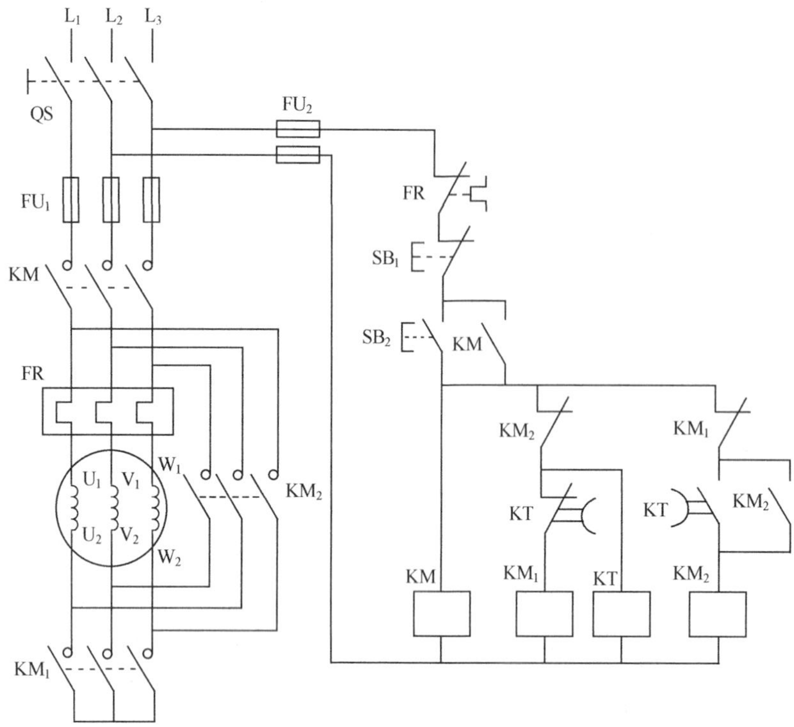

图 7-23 三相异步电动机的星形-三角形换接降压启动控制电路

小 结

① 开关的主要技术参数：有额定电压、额定电流、断流能力等。断流能力很小时，它只能在无负载情况下切断电源电压，称为隔离开关；能够在正常负载工作条件下切断电路的称为负荷开关；不仅能切断正常工作电流，还能切断远大于正常电流的短路电流的称为断路器。

② 常用开关：有开启式负荷开关（瓷底胶盖闸刀开关）、封闭式负荷开关（铁壳开关）、转换开关（组合开关）等。

另有自动空气断路器（自动空气开关），它有过载、短路、失压保护功能。

③ 熔断器：内装熔体，主要用于短路保护。熔体的额定电流应小于或等于熔断器的额定电流。常用的型式有 RC1A 瓷插式、RL1 螺旋式、RT0 有填料封闭管式等。

④ 交流接触器、继电器（热继电器、时间继电器）、主令电器（按钮、形成开关）等主要是介绍它们的结构、动作原理、功能、符号。

⑤ 继电接触控制电路

点动控制：按下启动按钮启动，松开停止。

基本控制电路：自锁触点使电动机实现常动，具有过载保护、短路保护、失压保护功能。

正反转控制电路：由正转和反转两个接触器和两组控制电路组成，有共同的停止按钮、热继电器和熔断器，两个控制回路利用接触器的常闭触点构成互锁，正反转的过渡必须经过停止后再转换。用复合按钮可构成正反转直接过渡的正反转控制电路。

用行程开关可实现位置控制。

用时间继电器可实现延时控制。

思考题与习题

7-1　在三相异步电动机的继电接触控制电路中，热继电器与熔断器的保护作用有何不同？它们是怎样分工的？能否只用其中一种？

7-2　简述自动空气开关的动作原理。

简述交流接触器、热继电器的动作原理，并说明各具备怎样的保护功能？

7-3　时间继电器的即时触点、延时触点是如何动作的？

7-4　分析图 7-24 中各控制电路是否有错，并将错误的地方改正。

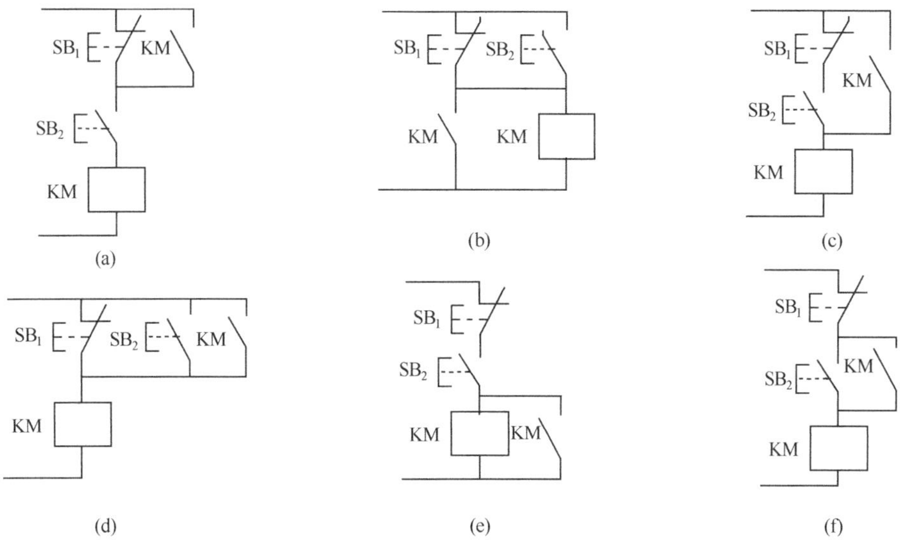

图 7-24　习题 7-4 图

7-5　图 7-25 为电动机正反转控制电路，检查图中哪些地方画错了？并加以改正。

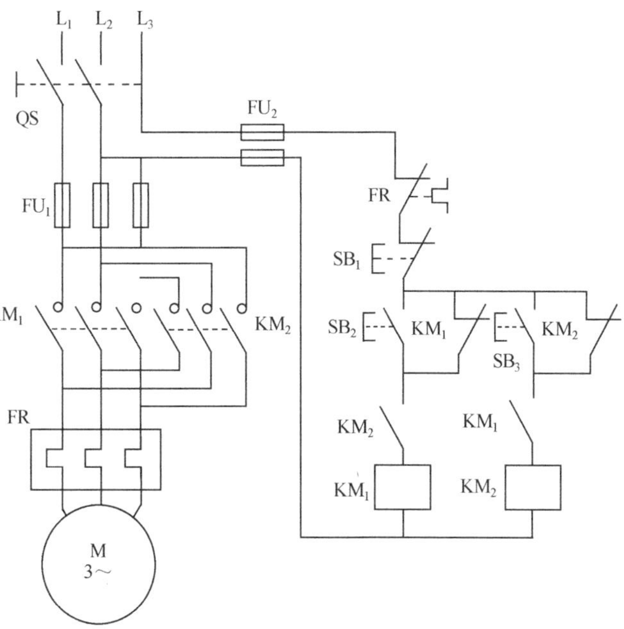

图 7-25　习题 7-5 图

7-6　三台电动机 M_1、M_2、M_3 按一定的顺序启动，要求 M_1 启动后 M_2 才能启动，M_2 启动后 M_3 才能启动，同时停车，画出控制电路。

7-7　两台三相异步电动机 M_1 和 M_2。现在要求启动时必须先启动 M_1，才可启动 M_2，停止时必须先停 M_2，M_1 才可停止。试设计控制电路。

7-8　试设计对一台电动机既可以点动控制又可以连续运转控制的电路。

7-9　画出一个两台电动机 M_1、M_2 的控制电路。要求 M_1、M_2 可以分别启动或停止，也可以同时启动或停止。

8 安全用电技术

电能的使用为各生产，科研领域及人们的日常生活提供了很大的方便。但如果使用不当，也会造成危险。为了更安全有效地使用电能，必须对安全用电方面的有关知识加以了解。

本章从分析电流对人体的伤害入手，对一些安全用电知识作简要介绍。

8.1 电流对人体的伤害

(1) 电击

电击是指电流通过人体内部，影响心脏、呼吸和神经系统的正常功能，造成人体内部组织的损坏，甚至危及生命。

电击是由电流流过人体而引起的，它造成伤害的严重程度与电流大小、频率、通电的持续时间、流过人体的路径及触电者本身的情况有关。流过人体的电流越大，触电时间越长，危险就越大。对于工频交流电，根据通过人体电流的大小和人体呈现的不同状态，可将电流划分为三级。

① 感知电流　能引起人感觉的最小电流。成年男性的平均感知电流约为 1.1mA，成年女性约为 0.7mA。

② 摆脱电流　人触电后能自主摆脱电源的最大电流。成年男性约为 9mA，成年女性约为 6mA。

③ 致命电流　在短时间内危及生命的最小电流。

电击致死的主要原因，大都是电流引起心室颤动造成的，通过人体 1mA 的工频电流就会使人有不舒服的感觉；50mA 的工频电流就会引起心室颤动，有生命危险；100mA 的工频电流则足以使人死亡。电流通过心脏和大脑时，人体最容易死亡；电流纵向通过人体比横向通过时，更易于发生心室颤动，危险性也更大，所以头部触电及左手到右手的触电最危险。另外，通电时间越长，电击危险性也越大，儿童比成年人遭受电击的伤害严重，有心脏病等严重疾病或体弱多病者比健康人遭受电击的伤害重。

(2) 电灼伤

电灼伤是指人体外部受伤，如电弧灼伤、与带电体接触后的电斑痕以及在大电流下熔化而飞溅的金属末对皮肤的烧伤等。

8.2 常见的触电方式

按照人体触及带电体的方式和电流通过人体的路径，触电方式有单相触电、两相触电、接触电压触电以及跨步电压触电。

(1) 单相触电

人体的某部分在地面或其他接地导体上，另一部分触及一相带电体的触电事故称单相触电。这时触电的危险程度决定于三相电网的中性点是否接地，一般情况下，接地电网的单相触电比不接地电网的危险期性大。

图 8-1(a) 表示供电网中性点接地时的单相触电，此时人体承受电源相电压；图 8-1(b) 表示供电网无中线或中线不接地时的单相触电。此时电流通过人体进入大地，再经过其他两相对地电容或绝缘电阻流回电源，当绝缘不良时，会有危险。

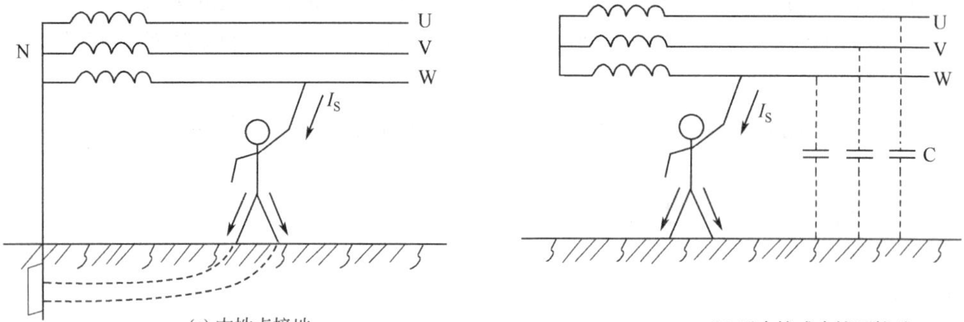

(a) 中性点接地 (b) 无中线或中线不接地

图 8-1 单相触电

(2) 两相触电

人体两处同时触及两相带电体时，称两相触电，如图 8-2 所示。这时加到人体的电压为线电压，是相电压的$\sqrt{3}$倍。通过人体的电流只决定于人体的电阻和人体与两相导体接触处的接触电阻之和。两相触电是最危险的触电。

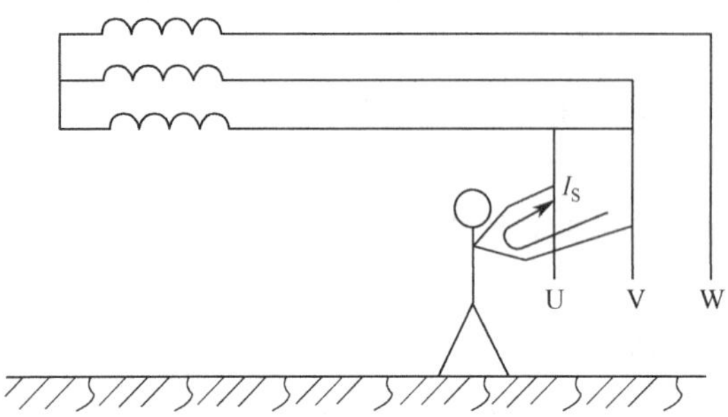

图 8-2 两相触电

(3) 接触电压触电

电气设备的外壳正常情况下是不带电的，由于某种原因使外壳带电，人体与电气设备的带电外壳接触而引起的触电称接触电压触电。例如，三相油冷式变压器 U 相绕组与箱体接触使其带电，人手触及油箱会产生接触电压触电，相当于单相触电。如图 8-3 所示。

(4) 跨步电压触电

这类事故多发生在故障设备接地体附近。正常情况下，接地体只有很小的电流，甚至没有电流流过。在非正常情况下，接地体电流很大，使散流场内地面上的电位严重不均匀，当人在接地体附近跨步行走时，处在不同的电位下，这两个电位的电位差称为跨步电压。

在跨步电压作用下，电流通过人体，造成人体跨步电压触电。当跨步电压较高时，就会发生双脚抽筋而倒地，这时有可能使电流通过人体的重要器官，造成严重的触电事故。

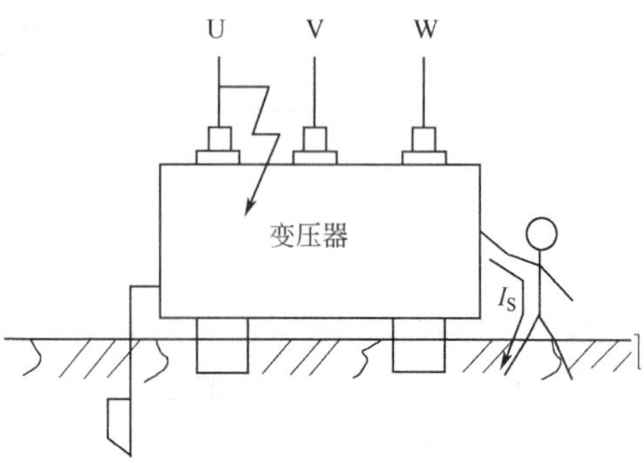

图 8-3 接触电压触电

人体距接地体越近，跨步电压越大；距接地体越远，跨步电压越小；与接地体的距离超过

20m 时，跨步电压近于零。为保证人身安全，跨步电压越小越好。为此，接地体常采用金属网状结构，以增大接地面积，减小电流密度，跨步电压也相应减小。

8.3 防止触电的保护措施

主要有使用安全电压、保护接地、保护接零和使用漏电保护装置等。

8.3.1 使用安全电压

安全电压是指人体较长时间接触带电体而不致发生触电危险的电压。中国对安全电压的规定：两导体间或任一导体与地之间均不得超过交流（50～500Hz）有效值为 50V。安全电压的额定值为 36V、24V、12V、6V（工频有效值）。当电气设备采用了超过 36V 的安全电压时，应采取防止直接接触带电体的保护措施。

注意安全电压不适用范围：

① 水下等特殊场所；

② 带电部分能伸入人体内的医疗设备。

8.3.2 保护接地和保护接零

(1) 保护接地

保护接地，就是将电气设备的金属外壳或构架与大地可靠连接，以防止因漏电而可能发生的触电。

在三相三线制中性点不接地电网中，当某一设备如电动机因内部绝缘损坏而使机壳带电时，如果人体触及机壳，则将有电流通过人体与电力网的分布电容构成回路，如图 8-4(a) 所示，造成人体触电危险。

当电气设备绝缘损坏，人体触及带电外壳时，由于采用了保护接地，人体电阻和接电电阻并联，人体电阻远远大于接地体电阻。通过人体的电流小了，并在安全范围内，从而避免了触电危险，如图 8-4(b) 所示。

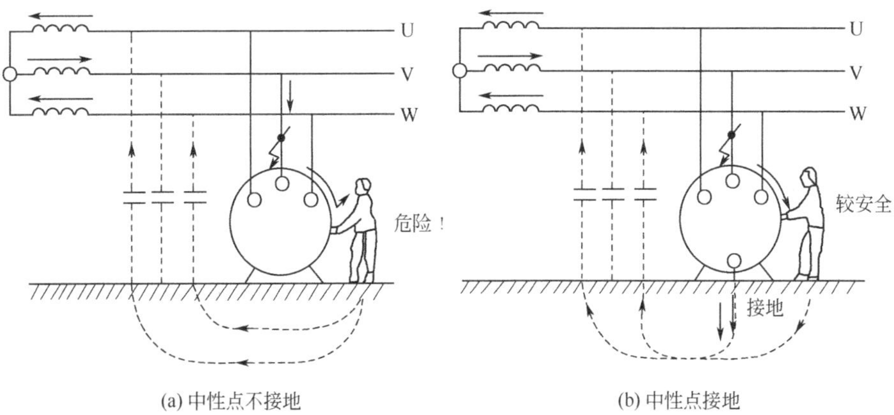

图 8-4 保护接地

(2) 保护接零

在 1000V 以下的中性点接地的三相四线制低压系统中，为了防止触电事故，把电气设备的外壳或构架与系统的零线（中性线）相连，即保护接零。如图 8-5(a) 所示。

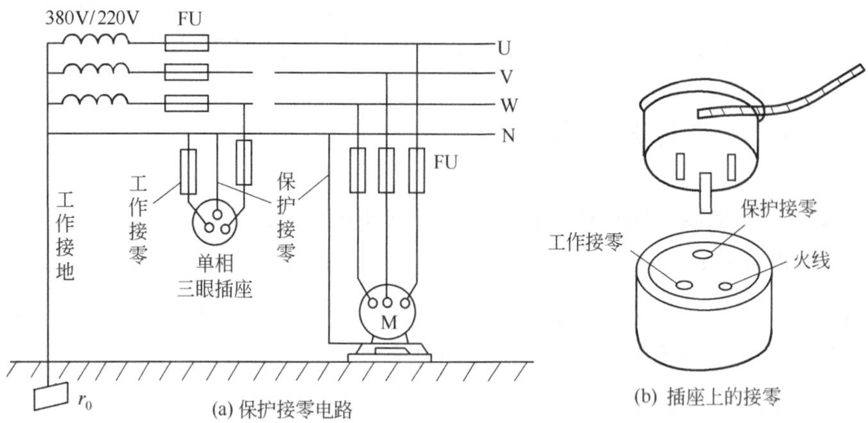

图 8-5 保护接零

采取了保护接零措施后，如有电气设备发生单相碰壳故障时，形成一个单相短路回路。由于短路电流极大，使熔丝快速熔断，保护装置动作，从而迅速地切断了电源，防止了触电事故的发生。

对于各种单相用电设备，例如各种家用电器（电冰箱、洗衣机等）常用三孔插座和三端插头与电源连通，如图 8-5(b) 所示。使用时，应将用电设备外壳用导线连接到三端插头中间那个较长、较粗的端子上。然后通过插座连接到电源的零线，以实现保护接零。

特别注意：

① 同一台变压器供电系统的电气设备不允许一部分采用保护接地，另一部分采用保护接零；

② 保护零线上不准装设熔断器；

③ 保护接地或接零线不得串联；

④ 在保护接零方式中，将零线的多处通过接地装置与大地再次连接，叫重复接地。保护接零回路的重复接地是保证接地系统可靠运行，可防止零线断线失去保护作用。

8.3.3 使用漏电保护装置

漏电保护装置按控制原理可分为电压动作型、电流动作型、交流脉冲型和直流型等几种。其中电流动作型的保护性能最好，应用最为普遍。

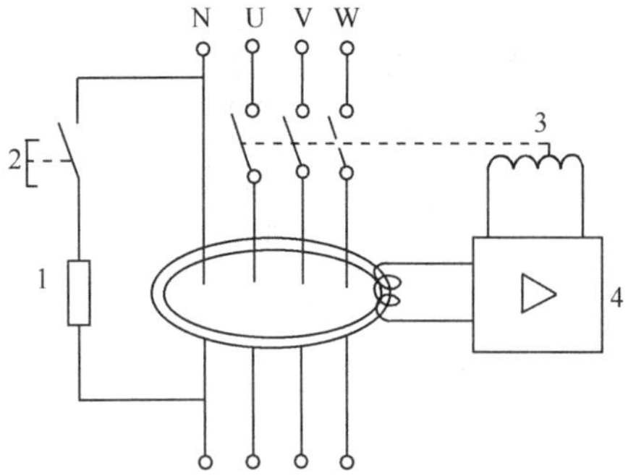

图 8-6 电流动作型漏电保护装置

1—检测元件；2—试验开关；3—执行元件；4—放大元件

电流动作型漏电保护装置是由测量元件、放大元件、执行元件、检测元件组成，如图 8-6 所示。

测量元件是一个电流互感器，相线和零线从中穿过，当电源供出的电流经负载使用后又回到电源，互感器铁芯中合成磁场为零，说明无漏电现象，执行机构不动作；当合成磁场不为零时，表明有漏电现象，执行机构快速动作，切断电源时间一般为 0.1s，保证安全。

注意：单相漏电保护器接线时，工作零线和保护零线一定严格分开不能混用，相线和工作零线接漏电保护器，若将保护零线接到漏电保护器时，漏电保护器处于漏电保护状态而切断电源。

家庭中，漏电保护器，一般接在单相电能表和断路器或胶盖闸刀后，是安全用电的重要保障。如图 8-7 所示。

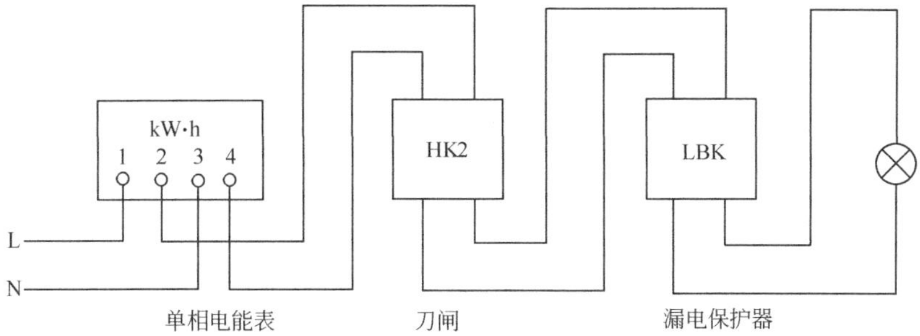

图 8-7 漏电保护器的使用

8.4 安全用电及触电急救常识

8.4.1 安全用电常识

为防止触电事故发生，需要宣传并且普及安全用电常识。

① 任何电气设备在未确认无电以前应一律认为有电，不要随便接触电气设备，不要盲目信赖开关或控制装置，不要依赖绝缘来防范触电。

② 尽量避免带电操作，手湿时更应禁止带电操作。

③ 若发现电线、插头损坏应立即更换，禁止乱拉临时电线。如需拉临时电线，应用橡皮绝缘线，且离地不低于 2.5m，用后及时拆除。

④ 广播线、电话线应与电力线分杆架设，电话线、广播线在电力线下面穿过时，与电力线的垂直距离不得小于 1.25m。

⑤ 电线上不能晾衣物，晾衣物的铁丝也不能靠近电线，更不能与电线交叉搭接或缠绕在一起。

⑥ 不能在架空线路和室外变电所附近放风筝；不得用鸟枪或弹弓来打电线上的鸟；不许爬电杆，不要在电杆、拉线附近挖土，不要玩弄电线、开关、灯头等电气设备。

⑦ 不带电移动电器设备，当将带有金属外壳的电气设备移至新的地方后，要先安装好地线，检查设备完好后，才能使用。

⑧ 移动电器的插座，一般要用带保护接地插孔的插座。不要用湿手去摸灯头、开关和插头。

⑨ 当电线断落在地上时，不可走近。对落地的高压线应离开落地点 8～10m 以上，以免跨步电压伤人，更不能用手去拣。应立即禁止他人通行，派人看守，并通知供电部门前来处理。

⑩ 当电气设备起火时，应立即切断电源，并用干沙覆盖灭火，或者用四氯化碳或二氧化碳灭火器来灭火，绝不能用水或一般酸性泡沫灭火器灭火，否则有触电危险。在使用四氯化碳灭火器时，应打开门窗，保持通风，防止中毒，如有条件最好戴上防毒面具；在使用二氧化碳灭火时，由于二氧化碳是液态的，向外喷射灭火时，强烈扩散，大量吸热，形成温度很低的干冰，并隔绝了氧气，因此也要打开门窗，与火源保持 2～3m 的距离，小心喷射，

防止干冰沾着皮肤产生冻伤。救火时不要随便与电线或电气设备接触，特别要留心地上的导线。

8.4.2 触电急救常识

当发现有人触电时，首先要尽快地使触电者脱离电源，然后在根据具体情况，采取相应的急救措施。

触电者的现场急救，是抢救过程的关键。触电后会出现呼吸中断、神经麻痹、心脏停止跳动等症状，外表看起来昏迷不醒。此时要把这种状态看作是假死，应迅速对触电者进行抢救。反之，必然带来不可弥补的后果。

(1) 脱离电源

触电后，可能由于失去知觉等原因而紧抓带电体，不能自行摆脱电源，使触电者尽快脱离电源是抢救触电者的第一步，也是最重要的一步，是采取其他急救措施的前提，要有正确的脱离电源的方法。

① 如果电源开关或插头离触电地点很近，可以迅速拉开开关，切断电源，但是要注意一般灯开关或拉线开关只控制单线，且不一定是相线，因此还要拉开前一级的闸刀开关。

② 当开关离触电地点较远，不能立即打开时，应视具体情况采取相应措施。

• 用绝缘手钳或装有干燥木柄的物件切断电线，断线时要防止被切断的电源线触及人体，或者用干燥的木板等绝缘物插入触电者身下以隔断电流。

• 如果电线是拱在触电者的身上或压在身下，可用干燥的木板、竹竿、木棒或带有绝缘柄的其他工具，迅速把电线挑开，但不能用手、金属及潮湿的物件去挑电线，以防救护人员触电。

• 如果触电者的衣服是干燥的，又不紧缠在身上，救护人可在干燥的木板上用一只手拉住触电者的衣服把他拖离带电体，这只适于低压触电的急救，并且在拖时要注意不能用两只手，不能触及触电者的皮肤，也不可拉脚。

• 如果是高空触电，还应采取措施，以防触电者从高空摔下。

③ 在高压线路或设备上触电应立即通知有关部门停电，为使触电者脱离高压电源应戴上绝缘手套，穿绝缘靴，使用适合该挡电压的绝缘工具，按顺序打开开关或切断高压电源。也可用一根合适长度的裸金属软线，先将一端绑在金属棒上打入地下做可靠接地，另一端绑上重物掷到带电体上，使人物线路短路，迫使保护装置动作，以切断电源。

④ 脱离电源注意事项

• 救护人员不能直接用手、金属及潮湿的物体作为救护工具，救护人员最好一只手操作，以防自身触电。

• 防止高空触电者脱离电源后发生摔伤事故。即使触电者摔在平地，也要注意触电者脱离电源后倒下的方向，避免触电者头部摔伤。

• 如果事故发生在晚上，应立即解决临时照明，以便触电急救。

(2) 急救处理

当触电者脱离电源后，根据具体情况应就地迅速进行救护，同时赶快派人请医生前来抢救，触电者需要急救的大体有以下几种情况。

① 触电不太严重，触电者神志清醒，但有些心慌，四肢发麻，全身无力，或触电者曾一度昏迷，但已清醒过来，应使触电者安静休息，不要走动，严密观察并请医生诊治。

② 触电较严重，触电者已失去知觉，但有心跳，有呼吸，应使触电者在空气流通的地

方舒适、安静地平躺，解开衣扣和腰带以便呼吸顺畅；如天气寒冷应注意保温，并迅速请医生诊治或送往医院。

③ 触电相当严重，触电者已停止呼吸，应立即进行人工呼吸；如果触电者心跳和呼吸都已停止，人完全失去知觉，应进行人工呼吸和心脏挤压进行抢救。

人工呼吸和胸外挤压心脏，应尽可能地进行，即使在送往医院的途中也不能停止急救。在抢救过程中不能乱打强心针，否则会增加对心脏的刺激，加快死亡。

(3) 人工呼吸和心脏挤压

人工呼吸是在触电者呼吸停止但有心跳时的急救方法。

胸外挤压适用于有呼吸但无心跳的触电者，当人触电后，一旦出现假死现象，应迅速进行人工呼吸或心脏挤压。

① 人工呼吸法 将触电者移至通风处，仰卧平地上，鼻孔朝天头后仰并解开衣领、衣服、腰带，头不可垫枕头，以便呼吸道通畅，清理口鼻腔，捏紧鼻孔，紧贴触电者的口吹气2s使其胸部扩张，接着放松鼻孔，使其胸部自然缩回排气约3s，如此不断进行，直至好转，吹气时用力要适当，如果掰不开触电者的嘴可用口对鼻吹气。

② 胸外挤压法 将触电者仰卧在硬地上，松开领扣，解开衣服，清除口腔内异物，救护人员站在触电者一侧或者跨腰跪在触电者腰部，两手相叠，将下面那只手的手掌根放在触电者心窝稍高一点的地方，也就是两乳头间略下一点，胸骨下三分之一部位，中指应该对凹膛，这时的手掌跟部即为正确的压点，自上而下，垂直均衡的向下挤压，压力轻重要适当，然后，突然放松掌根，但手掌不要离开胸部，如此连续不断地进行，成年人一秒一次，儿童每分钟挤压100次左右为宜。挤压时注意挤压位置要准，不可用力过猛，以免将胃中食物挤压出来，堵塞气管，影响呼吸。触电者若是儿童，可只用一只手挤压，用力适中，以免损伤胸骨。

心脏跳动和呼吸是互相关联的，一旦呼吸和心脏跳动都停止，应当及时进行口对口人工呼吸和胸外心脏挤压。心脏挤压法与人工呼吸法同时进行，如有两人救护可同时采用两种方法，如果只有一人救护，可交替采取两种方法。在进行人工呼吸和心脏挤压时，应坚持不懈，直到触电者复苏或医务人员前来救治为止，在救护过程中，应密切观察触电者的反应。

8.5 电气防火和防爆

8.5.1 电气火灾和爆炸的原因

电气设备如使用不当，有时会成为火灾的祸端。

电气设备正常运行时，有时会产生弧光和火花。强烈的弧光可能损伤人的视力，同时电弧的高温还可能烧损开关的触头，造成电路的弧光短路，甚至引起火灾和爆炸事故。例如：直流电动机运转时，换向器会不断产生火花；电焊作业时，会产生温度很高的弧光；拉开刀闸时，也会产生弧光和火花。在事故情况下，如线路短路，熔断器熔体熔断等都能产生火花。如果火花和弧光遇到可燃物质，就会引燃着火。电气设备因运行会发热，有些易燃物体，被电气设备的表面高温烘烤会产生自燃而引起火灾。

电气爆炸的原因主要有以下两点：

① 周围环境有爆炸性混合物，在危险温度或点火花作用下，引起爆炸；

② 充油设备（如油浸式电力变压器）在电弧光作用下会产生大量可燃气体，使油箱内

压力、温度超过允许极限而引起爆炸。爆炸会引起进一步的火灾。

8.5.2 电气防火防爆措施

防火防爆措施应综合考虑，采取全面措施。首先要选用合理的电气设备，然后对电气设备的安装要严格按安全规程操作，严格按额定值规定的条件使用产品；要保持必要的防火间距；设备投入运行后，要保持其正常运行；要保持良好的通风，采用耐火设施，装设良好的保护装置；要配备灭火器具。

电气火灾一旦发生，首先切断电源再进行扑救。若不能及时切断电源带电灭火，一定要使用不导电的灭火剂，保证灭火人员安全。

常用的水和泡沫灭火剂都是导电的，不能用于扑救电气火灾。常用的绝缘灭火器性能及用途如表 8-1 所示。

表 8-1 几种灭火器的性能及用途

灭火器种类	二氧化碳灭火器	四氯化碳灭火器	干粉灭火器	1211 灭火器
规格	2kg 以下 2～3kg 5～7kg	2kg 以下 2～3kg 5～8kg	8kg 以下 50kg	1kg 2kg 3kg
药剂	液态二氧化碳	四氯化碳液体，并有一定压力	钾盐或钠盐干粉，并有盛装压缩气体的小钢瓶	二氟一氯一溴甲烷，并充填压缩氮
用途	不导电 扑救电气精密仪器、油类和酸类火灾；不能扑救钾、钠、镁、铝物质火灾	不导电 扑救电气设备火灾、不能扑救钾、钠、镁、铝、乙炔、二硫化碳火灾	不导电 扑救电气设备火灾、石油产品、油漆、有机溶剂、天然气火灾；不宜扑救电机火灾	不导电 扑救电气设备、油类、化工化纤原料初起火灾
效能	射程 3m	3kg，喷射时间 30s，射程 7m	8kg，喷射时间 14～18s，射程 4.5m	1kg，喷射时间 6～8s，射程 2～3m
使用方法	一手拿喇叭筒对着火源，另一只手打开开关	只要打开开关，液体就可喷出	提起圆环，干粉就可喷出	拔下铅封或横销，用力压下压把
检查方法	每 3 个月测量一次，当减少原重 1/10 时，应充气	每 3 个月试喷少许，压力不够时应充气。	每年抽查一次干粉是否受潮或结块。小钢瓶内气体压力，每半年检查一次，如重量减少 1/10 应换气	每年检查一次重量

小 结

安全用电包括人身安全和用电设备的安全两个方面。

① 触电有电击和电伤两种，其中电击的伤害更严重。电击的严重程度与流过触电者电流的频率、大小、路径、时间以及触电者的身体状况有关。电流通过心脏和大脑时触电者最易死亡，而且触电时间越长越危险。

② 触电方式有单相触电、两相触电、跨步电压触电以及接触电压触电。

③ 防止触电的保护措施有使用安全电压、保护接地、保护接零和使用漏电保护装置。

④ 为防止触电事故，应健全安全措施，宣传普及安全用电常识，确保人身安全。

⑤ 若遇见有人触电，首先应迅速使触电者脱离电源，然后根据具体情况紧急救护并及时向医生求救，当触电者出现假死时，应立即在现场用人工呼吸和胸外挤压的方法进行急救。

⑥ 电气设备如使用不当，有时会成为火灾的祸端。电气设备正常运行时，会产生弧光和火花。防火防爆措施应综合考虑，采取全面措施。

思考题与习题

8-1 什么叫触电？常见的触电方式和原因有哪几种？

8-2 什么是安全电压，中国的安全电压是如何规定的？

8-3 什么是保护接地？什么是保护接零？什么情况下采用保护接地？什么情况下采用保护接零？

8-4 手提式电钻的电源是单相交流电，为什么用三根导线供电？这三根导线各有何作用？

8-5 常见的安全用电措施有哪些？试联系实际，谈谈你应采取哪些安全生产用电措施。

8-6 人体触电后可能有几种状况？怎样确定施行急救的方法？

附录1　实验部分

实验一　万用表的使用

一、目的

① 了解实验室的配置情况。

② 练习使用直流稳压电源、万用表。

③ 掌握被测电量的测量方法。

二、仪器与设备

① JW-2 型直流稳压电源　一台，输出电压 0～30V。

② si47 型万用表　一只。

③ 标准电阻箱　一只。

④ 电阻　若干。

三、仪器仪表的使用

1. 直流稳压电源

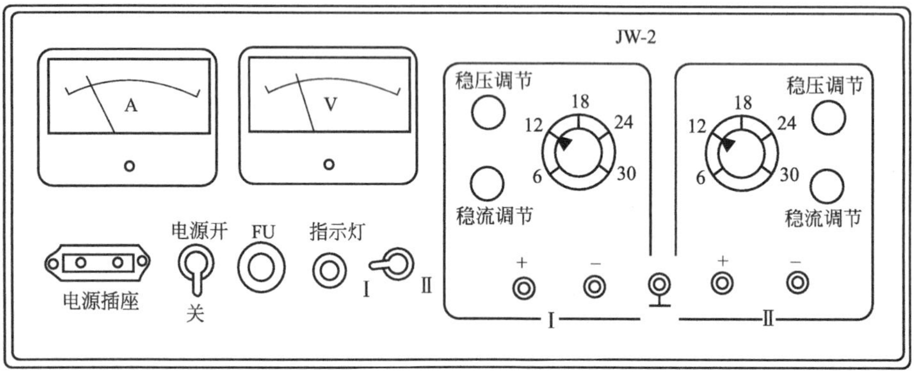

实验图 1-1　JW-2 型直流稳压电源面板图

(1) 使用方法

① 将电源线接在 220V、50Hz 的交流电源上，开启电源开关，指示灯亮，表示电源接通，预热几分钟。

② 将“稳流调节”旋钮逆时针方向旋到底（此时电源供给的最大稳流即保护电流）。根据所需电压先调节“电压粗调”至某一挡级，再调节“稳压调节”使电压表指示为所需电压。

若出现过载或短路时，电压表指示下降或为零，电流表指示将达到保护值，此时可切断稳压电源的输出电路，电源自动恢复，排除故障后再使用。

③ 输出电压由“+”、“−”两接线柱供给，“地”接线柱与机壳相连。

④ 两路输出共用电压表与电流表的指示窗，“Ⅰ、Ⅱ”所指示的转换开关，当开关指在

“Ⅰ”表示电压表显示“Ⅰ”路电压输出值；指在“Ⅱ”表示电压表显示“Ⅱ”路电压输出值。

（2）注意事项

① 接通电源后，两路输出不管接不接电表，同时都有输出。

② 电压表与电流表的准确度较差，实验时应使用准确度较高的表测量输出的电压或电流。

③ 使用时不能使输出端短路。

2．万用表

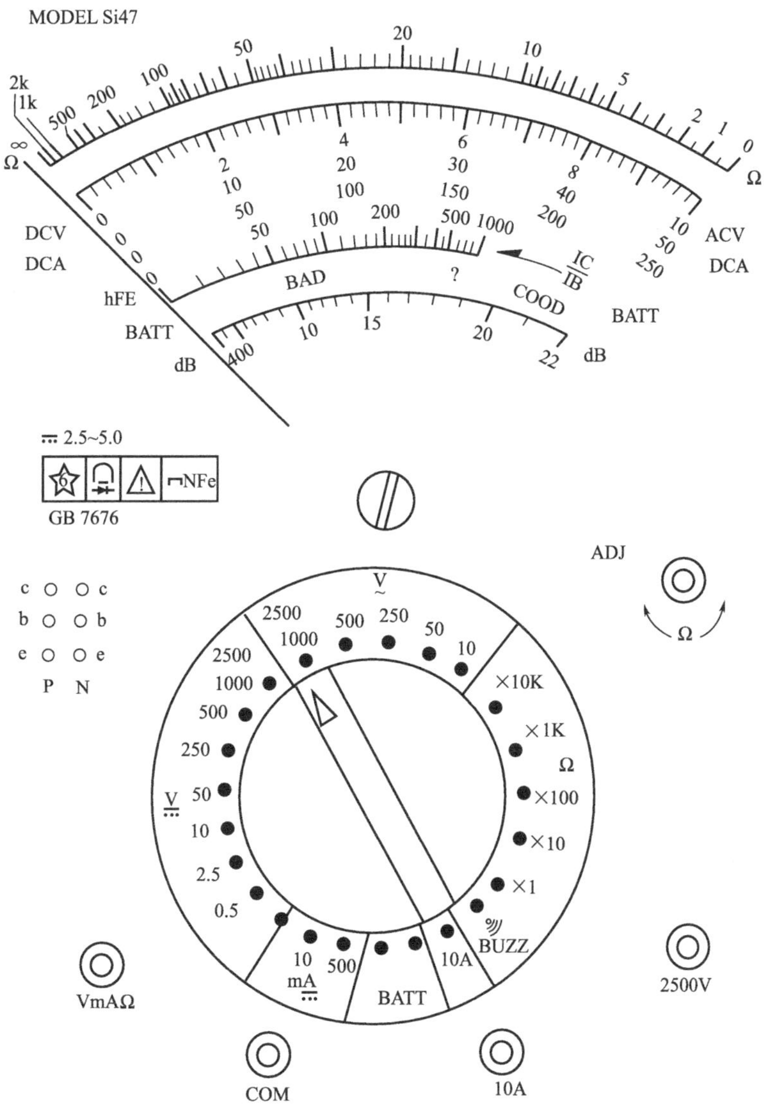

实验图 1-2　si47 型万用表面板图

（1）使用方法

① 测电压或电流：将转换开关旋到交流（AC）电压$\underset{\sim}{V}$、交流电流$\underset{\sim}{A}$、直流（DC）电压$\underline{V}$、直流电流$\underline{A}$的相应位置，按待测量的大小选择合适的量程，将红表笔插入 VmAΩ 孔，

黑表笔插入 COM 孔，测量待测电压或电流，读取相应的刻度。

② 测电阻：按待测量电阻的大小选择合适的量程

“R×1，R×10，R×100，R×1K，R×10K”，将红表笔插入 VmAΩ 孔（+），黑表笔插入 COM 孔（－），然后将红黑表笔短接，此时表的指针向满度（最右端）偏转，调节调零电阻，使指针指示在零欧姆位置上，此时将红黑表笔分开，接到测量电阻的两端进行测量。

（2）注意事项

① 测量前，转换开关的位置必须放对。如果在测量电压时错将转换开关放到电流或电阻的位置上，万用表将会烧坏。

② 合适的量程根据被测量的估计值大小合理选择。

③ 测试过程中不要转动转换开关。

④ 每次变换电阻的量程都要重新调零。

⑤ 使用完毕，转换开关旋到交流电压最大挡的位置上。

四、步骤及内容

1. 记录并熟悉万用表的功能及测量范围

实验表 1-1

直流(DC)	$\underline{V}$	
	$\underline{A}$	
交流(AC)	$\underset{\sim}{V}$	
	$\underset{\sim}{A}$	
电阻(R)	R	

2. 测量直流电压，用万用表测量直流稳压电源提供的直流电压，填入表格。

实验表 1-2

被测电压	量程	测量值	绝对误差
3V			
6V			
15V			

3. 测量交流电压

用交流电压 250V、500V 的量程分别测量 220V 交流电源电压，填入表格。

实验表 1-3

量程	测量值
250V	
500V	

4. 测量电阻

任意选择三个固定值电阻，首先调整电阻挡的零点，然后进行测量，填入表格。

实验表 1-4

标称值	测量值	所选量程

5. 用标准电阻箱校验万用表的中值电阻

把标准电阻箱的电阻分别调整为所使用万用表对应量程的中值电阻，用万用表测量，比较读数是否与给定的数值相符，并填入表格。

实验表 1-5

量程	标称值	测量值	误差$=(R_{标}-R_{测})/R_{标}$
$R\times1$			
$R\times10$			
$R\times100$			
……			

五、思考题

① 使用万用表测量电压和电阻时，经常会出现哪些错误?

② 如果不慎用万用表的欧姆挡去测量电路中的电压，试分析会产生什么后果?

实验二　基尔霍夫定律及叠加原理的验证

一、目的

① 验证基尔霍夫定律。

② 验证叠加原理。

③ 进一步熟悉直流稳压电源、万用表的使用。

二、仪器与设备

① 直流稳压电源　一台，能输出 6V 电压。

② 万用表　一只。

③ 电流表　一只，测电流的插头一个，插座三个。

④ 30Ω、60Ω、100Ω 电阻　各一只。

⑤ 1.5V 甲电池　一节。

三、原理

1. 基尔霍夫电流定律

任一瞬间，流入节点的电流总和等于从该节点流出的电流总和。$\sum I_{入}=\sum I_{出}$或$\sum I=0$。

2. 基尔霍夫电压定律

任一时刻，电路中任一回路内各段电压的代数和等于零。$\sum U=0$。

3. 叠加原理

在多电源共同作用的线性电路中，某一支路电流等于各个电源单独作用时在该支路所产生的电流的代数和。

四、步骤与内容

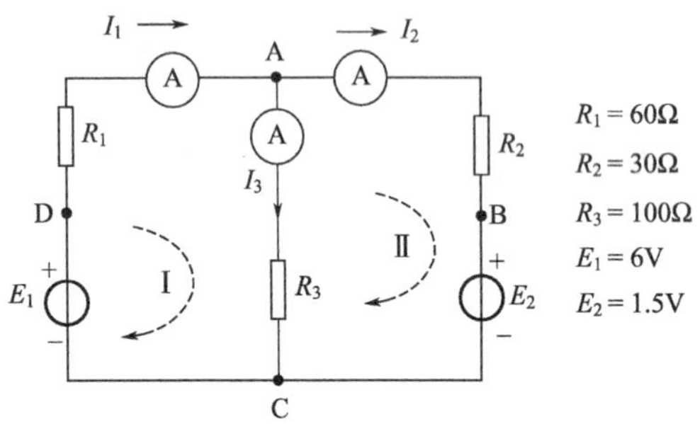

实验图 2-1 验证基尔霍夫定律的实验电路

首先用万用表直流电压挡，测出直流稳压电源输出电压$E_1=6V$，测出所用甲电池的电动势$E_2=$________V。按电路图接好电路，并按图示参考方向接好测电流的插座，插入电流表时，一定要注意观察指针的偏转情况，如果指针反偏，应立即拔出，将插座的正负极进行对调，再测电流并记为负值。

1. 验证基尔霍夫电流定律

测出三个电流填入表格，并验证其代数和是否为“0”。

实验表 2-1

各支路电流	I_1	I_2	I_3	$\sum I$
测量值				

2. 验证基尔霍夫电压定律

沿回路Ⅰ测各段电压U_{AC}、U_{CD}、U_{DA}，并验证其代数和是否为“0”。用同样的方法，沿回路Ⅱ再做一次。测量全部结束后，填入表格。

实验表 2-2

回路Ⅰ	U_{AC}	U_{CD}	U_{DA}	$\sum U$
回路Ⅱ	U_{CA}	U_{AB}	U_{BC}	$\sum U$

3. 验证叠加原理

① 将E_2从实验图 2-1 所示电路中取走，并将此断点短路连接，让E_1单独作用，分别测量各支路电流I_1'、I_2'、I_3'，并进行记录，填入表格。

② 将E_1从实验图 2-1 所示电路中取走，并将此断点短路连接，将E_2接回原处，让E_2单独作用，分别测量各支路电流I_1''、I_2''、I_3''，并进行记录，填入表格。

③ 求两次电流的代数和，与验证基尔霍夫定律所测E_1、E_2同时作用的I_1、I_2、I_3相比较，看是否相同，并记录填入表格。

实验表 2-3

E_1 单独作用	$I_1'=$	$I_2'=$	$I_3'=$
E_2 单独作用	$I_1''=$	$I_2''=$	$I_3''=$
求两次的代数和	$I_1=I_1'+I_1''=$	$I_2=I_2'+I_2''=$	$I_3=I_3'+I_3''=$
E_1、E_2 同时作用	$I_1=$	$I_2=$	$I_3=$

五、思考题

① 用一个电流表分别测量三个支路电流与用三个电流表同时测量有何区别？

② 叠加原理验证的结果如何？产生误差的原因是什么？

③ 在整个实验过程中，怎样注意电流和电压的正负值的记录？

实验三　荧光灯电路的连接及功率因数的提高

一、目的

① 练习荧光灯电路的连接。

② 掌握交流电路中交流电流、电压的测量。

③ 验证并联电容器提高功率因数的原理。

二、仪器与设备

① 荧光灯具　一套（20W 的灯管、镇流器、启辉器）。

② 交流电流表　一只 0～0.5A～1A（测电流的插头一个、插座两个）。

③ 万用表　一只。

④ 电容器　一只 250V2.5μf。

⑤ 试电笔　一支。

⑥ 开关　一只。

三、原理

1. 荧光灯电路的组成

荧光灯电路由荧光灯管、镇流器、启辉器、开关组成。如实验图 3-1 所示。

灯管是细长的玻璃管，内壁涂有荧光粉，管内部抽成真空后充入少量的氩，并放入微量的汞蒸汽，灯管的两端装有灯丝，灯丝上涂有发热后能发射电子的金属氧化物，镇流器是一个有铁芯的线圈。启辉器是装有双金属片制成两个电极并抽真空后充有氖气的玻璃泡。

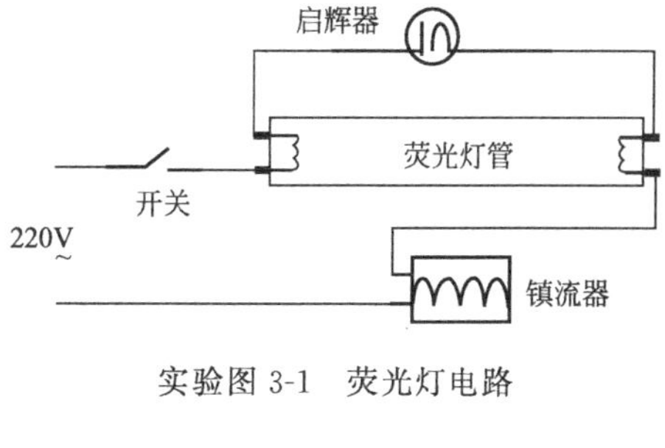

实验图 3-1　荧光灯电路

2. 荧光灯电路及启辉过程

当接通电源后，由于荧光灯没有点亮，电源电压全部加在辉光启辉器的两端，使辉光管中的两个电极放电，放电产生的热量使双金属片受热伸直，与固定触点接通。这时，荧光灯的灯丝、辉光管中的两个电极、镇流器构成回路，灯丝因通过电流而受热，发射电子。同时，辉光管中的两个电极接通时极间电压为零，辉光管放电停止，双金属片因温度下降而复原，两个电极断开。在两电极断开的瞬间，回路中的电流因突然切断，立即在镇流器的两端感应出比电源电压高得多的感应电压，这个感应电压连同电源电压一起加在灯管两端，使灯管内的惰性气体分子电离而产生弧光放电，管内温度逐步升高，水银蒸汽游离，并猛烈撞击惰性气体分子而放电，同时辐射出紫外线，紫外线激发管壁的荧光粉发出了可见光。荧光灯点亮后，两端电压较低，灯管两端的电压不足以使启辉器处于辉光放电状态，因此辉光启辉器只在荧光灯启辉时起作用，一旦荧光灯点亮，辉光启辉器就处于断开状态。此时，镇流器、灯管构成一个电流通路，由于镇流器与灯管串联并且感抗很大，因此可以限制和稳定电路的工作电流。

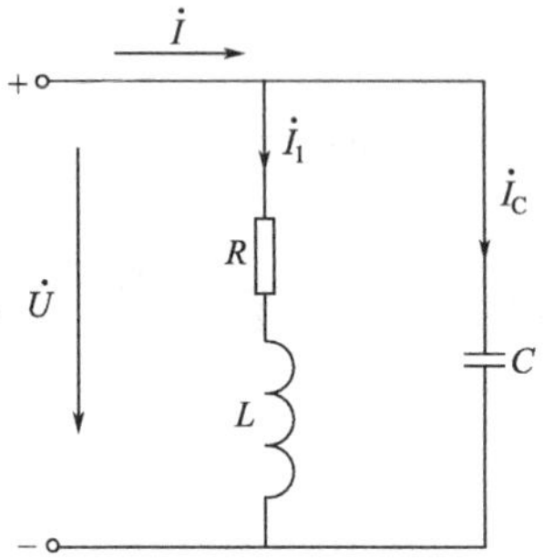

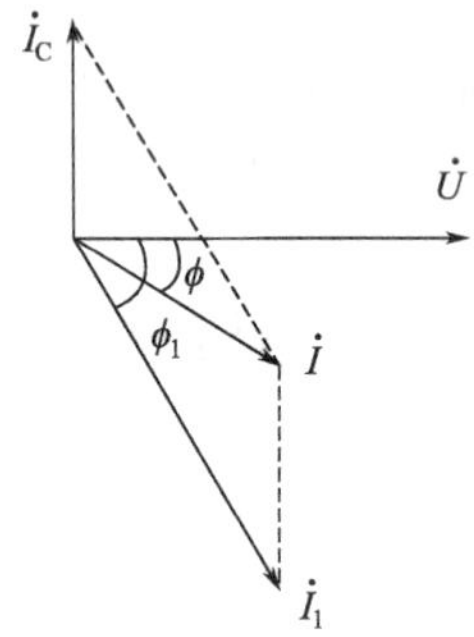

实验图 3-2 提高功率因数的电路图和相量图

3. 并联电容提高功率因数

荧光灯管可以看成电阻，镇流器可以看成感性元件。因此荧光灯电路是电感性负载，可以用并联电容器的方法，来提高功率因数。如实验图 3-2 所示。

4. 电路有功功率的计算

$$P=UI_1\cos\phi_1=UI\cos\phi=U_1I_1+I_1^2R_{镇}$$

四、步骤与内容

① 测出镇流器电阻 $R_{镇}$。

② 接好荧光灯电路，闭合电源开关，观察启动过程。用试电笔简单检测电路。

③ 测出电路的电压 U、电流 I_1、灯管电压 U_1、镇流器电压 U_2、根据 $P=UI_1\cos\phi_1=U_1I_1+I_1^2R_{镇}$，计算出荧光灯电路的功率因数 $\cos\phi_1$，记入表格，并验证 $U\neq U_1+U_2$。

实验表 3-1

$R_{镇}$	电压 U	灯管电压 U_1	镇流器电压 U_2	电流 I_1	$\cos\phi_1$

④ 断开电源开关，将电容器并连接入电路中，然后闭合电源开关，测出电路的总电流 I，再测出电容支路的电流 I_C，根据 $P=UI_1\cos\phi_1=UI\cos\phi$，计算出功率因数提高情况，并比较 $I\neq I_1+I_C$。

实验表 3-2

电压 U	总电流 I	电容支路电流 I_C	荧光灯支路电流 I_1	$\cos\phi$

⑤ 比较并联电容器前后两次的功率因数值，看功率因数是否提高了？

五、思考题

① 画出荧光灯的等效电路图，相量图。

② 比较荧光灯功率的标称值与实际消耗的功率。

③ 实验结束后，为什么要先进行电容器放电，然后再整理其他仪器设备？

实验四　三相负载的星形连接

一、目的

① 学习三相负载的星形连接（Y接）。

② 验证三相负载对称和不对称时相电压与线电压，相电流与线电流的关系。

③ 了解三相四线制电路中，中性线的作用。

二、仪器与设备

① 三相交流电源　三相四线 220V/127V（用自耦调压器将 380V/220V 降压到 220V/127V）

② 三相灯箱　一套　三组灯泡、每组由三只 220V　40W 的灯泡并联组成。

③ 交流电流表　一只　0～1A（测电流的插头一个、插座四个）。

④ si47 万用表　一只。

三、原理

1. 三相灯箱的组成

三相灯箱由三组灯泡组成，每组有三只 220V、40W 的白炽灯泡并联，用两个开关控制，一个开关控制一盏灯，另一个开关控制两盏灯，可以实现一盏灯亮、两盏灯亮、三盏灯亮。每组灯泡用一相电，称为单相负载，三组灯泡用三相电，就是三相负载。

2. 三相负载的星形连接（Y接）时，电路中各量的关系

各线电流与相电流相等，即 $I_L=I_P$（$I_1=I_{1N}$，$I_2=I_{2N}$，$I_3=I_{3N}$）。

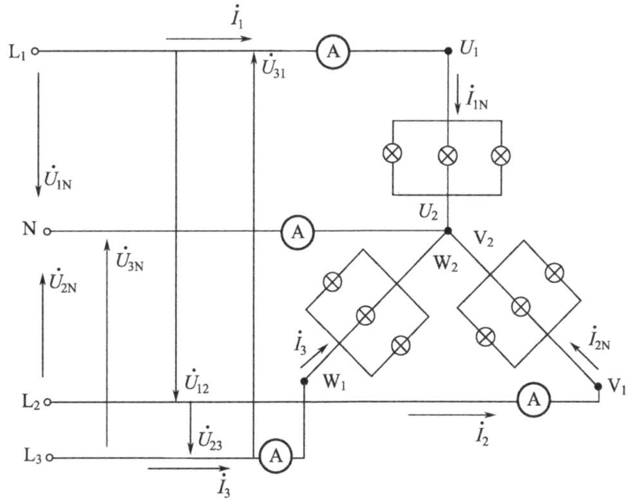

实验图 4-1　三相负载的星形连接

相电压：$U_{1N}=U_{2N}=U_{3N}=U_P$

线电压：$U_{12}=U_{23}=U_{31}=U_L$

相电压与线电压的关系：$U_L=\sqrt{3}U_P$

中性线电流等于三个相电流的相量和，即 $\dot{I}_N=\dot{I}_{1N}+\dot{I}_{2N}+\dot{I}_{3N}$，三相对称负载时，$I_N=0$。

三相不对称负载，$I_N\neq0$，此时必须有中性线每组灯才能正常工作。

四、步骤与内容

① 将三相灯箱星形连接（Y接）。

② 三相负载对称，控制每相负载的开关，使每相灯亮的盏数相同。（例如每相都亮 3 盏）测量线电压、相电压。

实验表 4-1

每相灯亮的盏数	相电压 U_P			线电压 U_L		
	U_{1N}	U_{2N}	U_{3N}	U_{12}	U_{23}	U_{31}
3						

③ 测量各相电流并观察中性线的作用。

三相负载对称时，中性线电流是否为零？断开中性线，观察并比较灯的亮度，说明每相负载是否仍然能正常工作？

实验表 4-2

	接通中性线				断开中性线		
	I_{1N}	I_{2N}	I_{3N}	I_N	I_{1N}	I_{2N}	I_{3N}
每相均亮 3 盏灯							
比较灯的亮度							

三相不对称负载时，即控制每相负载的开关，使每相灯亮的盏数不相同。例如 U_1U_2 相亮一盏灯、V_1V_2 相亮二盏灯、W_1W_2 相亮三盏灯，在有中性线、没有中性线两种情况下，测量各相电流和中性线电流，并观察每相负载灯泡的亮度情况。

实验表 4-3

	接通中性线				断开中性线		
	I_{1N}	I_{2N}	I_{3N}	I_N	I_{1N}	I_{2N}	I_{3N}
U_1U_2 相亮一盏灯、V_1V_2 相亮二盏灯、W_1W_2 相亮三盏灯							
比较灯的亮度							

五、思考题

① 根据所测结果，验证负载星形连接时，U_L 与 U_P、I_L 与 I_P 的关系，与理论知识是否相符？

② 在三相四线制不对称负载时，根据所测得 I_{1N}、I_{2N}、I_{3N}的值，按比例画出相量图。

③ 总结星形连接时中性线的作用。

实验五　三相负载的三角形连接

一、目的

① 学习三相负载的三角形连接（△接）。

② 验证三相对称负载三角形连接时，相电压与线电压，相电流与线电流的关系。

二、仪器与设备

① 三相交流电源　三相四线 220V/127V（用自耦调压器将 380V/220V 降压到 220V/127V）

② 三相灯箱　一套　三组灯泡、每组由三只 220V　40W 的灯泡并联组成。

③ 交流电流表　一只　0～1A（测电流的插头一个、插座四个）。

④ si47 万用表　一只。

三、原理

三相对称负载的三角形连接（△接）时，电路中各量的关系

对称负载：负载的端电压是电源的线电压，$I_L=\sqrt{3}I_P$

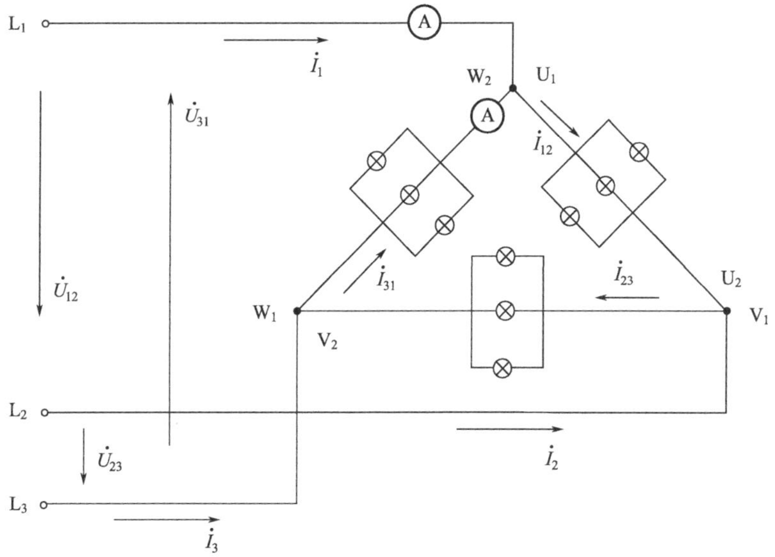

实验图 5-1　三相负载的三角形连接

四、步骤与内容

实验使用额定电压 220V 的白炽灯。为了使三相灯箱的灯泡不致因过载损坏，三相四线制电源电压降至 220V/127V。

① 将三相灯箱三角形（△）连接。

② 三相负载对称，控制每相负载的开关，使每相灯亮的盏数相同。测量线电压、相电压，线电流和相电流，记录数据填入表格。

实验表 5-1

每相灯亮的盏数	线电压	线电流 I_L	相电流 I_P	$I_L/I_P=?$
1				
2				
3				

五、思考题

① 根据所测结果，验证负载三角形连接时，I_L 与 I_P 的关系，与理论知识是否相符？

② 根据所测得的 I_L、I_P 值，画出对称负载的相量图。

③ 在相同的三相电源作用下，为什么对称负载三角形连接时灯泡的亮度比星形连接时亮？

实验六　三相异步电动机的简单测试及直接启动电路

一、目的

① 认识三相异步电动机的铭牌。

② 学习使用万用表、兆欧表、转速表、钳形电流表对电动机进行简单测试。

③ 熟悉三相异步电动机的接法（Y接和△接）。

二、仪器与设备

① 三相异步电动机　一台。

② 万用表　一只。

③ 兆欧表　一只。

④ 钳形电流表　一只。

⑤ 转速表　一只。

三、原理

三相异步电动机通入三相交流电后，三相对称定子绕组会产生一个可以旋转的合成磁场，要求三相对称定子绕组每相必须没有断路，绕组与绕组之间、绕组与外壳之间不能出现短路。工作电压为 380V 的Y系列的三相异步电动机，绕组与绕组之间、绕组与外壳之间的绝缘电阻应大于 1MΩ。三相异步电动机在启动的瞬间，启动电流很大，可以达到额定电流的 4～7 倍；空载运行时，空载电流不容忽视，可以达到额定电流的 20%～50%；空载转速很大，空载转差率可以达到 0.004～0.007。

四、仪器仪表的使用

1. 兆欧表（通称摇表）

是测量绝缘电阻的指示仪表。要选用与被测元件电压等级相适应的摇表，对于 500V 及以下的线路或电气设备，应使用 500V 或 1000V 的摇表。对于 500V 以上的线路或电气设备，应使用 1000V 或 2500V 的摇表。使用方法如下。

① 被测绝缘电阻应该与所连的电源断开。

② 测量时兆欧表转速应为 120r/min，要低速启动，达到额定转速后应持续一分钟再

读数。

③ 测试过程中两手不得同时接触两根线的接线柱。

2. 钳形电流表

分高、低压两种，用于在不拆断线路的情况下直接测量线路中的电流。其低压使用方法如下。

① 测量前，应先检查钳形铁芯的橡胶绝缘是否完好无损。钳口应清洁、无锈，闭合后无明显的缝隙。

② 测量时，应先估计被测电流大小，选择适当量程。若无法估计，可先选较大的量程，然后逐挡减少，转换到合适的挡位。转换量程挡位时，必须在不带电情况下或者在钳口张开情况下进行，以免损坏仪表。

③ 测量时，被测导线应尽量放在钳口中部，钳口的结合面如有杂声，应重新开合一次，仍有杂声，应处理结合面，以使读数准确。另外，不可同时钳住两根导线。

④ 测量5A以下电流时，为得到较为准确的读数，在条件许可时，可将导线多绕几圈，放进钳口测量，其实际电流值应为仪表读数除以放进钳口内的导线根数。

⑤ 每次测量前后，要把调节电流量程的切换开关放在最高挡位，以免下次使用时，因未经选择量程就进行测量而损坏仪表。

3. 转速表

用来测量电动机及其拖动设备的转速。使用方法如下。

① 测量时，应先选好合适的量程，避免转速表过载。

② 测量时的测试轴应与被测轴的中心在同一水平线上，两轴心应对准，转速表要放平，不要用力过猛，但也要保持一定的压力以减少滑动丢转，产生误差。

③ 在使用前，应加润滑油，可从外壳和调速盘上的油孔注入。

五、步骤与内容

(1) 认识电动机的铭牌

理解额定功率 P_N、额定电压 U_N、额定电流 I_N、额定转速 n_N、额定频率 f_N、工作制(S1)、绝缘等级（B级绝缘）等所标注的主要参数的意义。

(2) 三相异步电动机使用前的一般检验

将三相异步电动机的六个接线端子各自独立的分开。

① 用万用表欧姆挡（$R\times1$），检查电动机每相绕组有无断路，结果填入表中。

实验表6-1

测量部位	U_1-U_2	V_1-V_2	W_1-W_2
阻值			

② 用万用表欧姆挡（$R\times1K$ 或 $R\times100$），检查电动机每相绕组之间有无短路、每相绕组与外壳之间有无短路，结果填入表中。

实验表6-2

测量部位	U-V	V-W	W-U	U-外壳	V-外壳	W-外壳
阻值						

③ 用兆欧表检查电动机每相绕组之间、每相绕组与外壳之间的绝缘电阻，结果填入表中。

实验表 6-3

测量部位	U-V	V-W	W-U	U-外壳	V-外壳	W-外壳
阻值						

④ 将三相异步电动机星型连接后，直接启动，用钳形电流表测量电动机的启动电流 I_{st} 和空载电流 I_0，并求出与额定电流的比值。

实验表 6-4

启动电流 I_{st}	空载电流 I_0	I_{st}/I_N	I_0/I_N

⑤ 用转速表测量电动机的空载转速，并确定电动机的磁极对数、磁极数、转差率。

实验表 6-5

空载转速 n_0	磁极数 $2P$	磁极对数 P	空载转差率 S_0

六、思考题

① 为什么不用兆欧表直接进行电动机的绝缘测试？

② 钳形电流表使用应注意什么问题？若被测电流很小，用最小量程测量指针摆动角度很小，不易读数，应如何进行测量？

③ 测量所得空载转速能与同步转速一样吗？

实验七　三相异步电动机的基本控制电路

一、目的

① 学习电路电气原理图的识图、读图。

② 了解基本控制电路所用低压电器的结构和原理。

③ 掌握三相异步电动机的点动控制和基本控制。

二、仪器与设备

① 三相异步电动机　一台。

② 交流接触器　一只，CJT1-10。

③ 熔断器　三只，RL1-15A。

④ 热继电器　一只，JR36-20/5A。

⑤ 按钮开关　一只，LA10-2H。

⑥ 转换开关　一只，HZ10-102。

⑦ 万用表　一只。

三、原理

1. 点动控制

三相异步电动机点动控制电路如图实验图7-1所示。

工作过程：先接通三相电源开关QS。

启动过程：按下SB→KM线圈得电 →KM主触点闭合→电动机M通电运转。

停止过程：松开SB→KM线圈失电→KM主触点断开→电动机M断电停止运转。

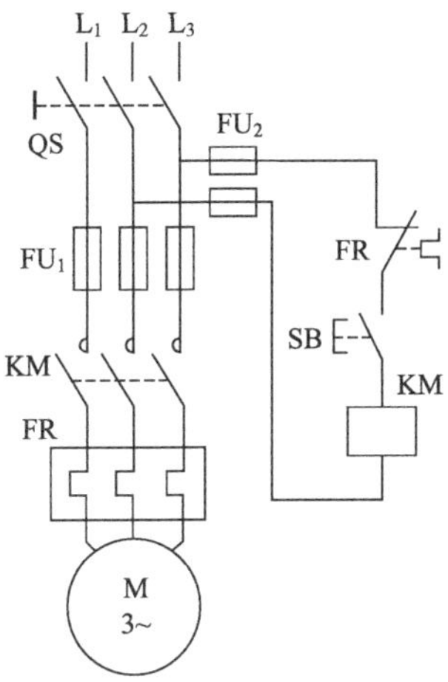

实验图7-1　三相异步电动机点动控制电路

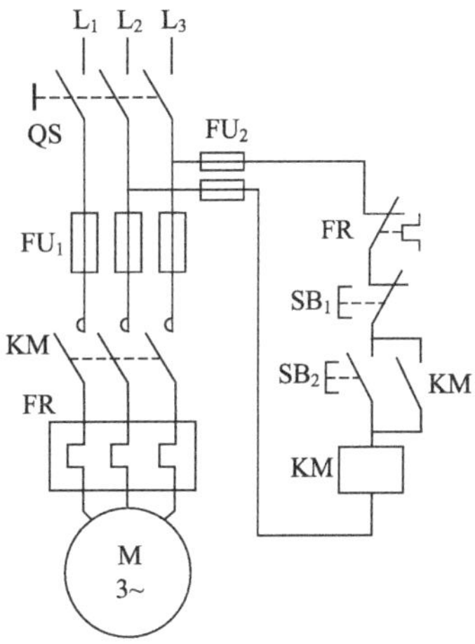

实验图7-2　三相异步电动机基本控制电路

2. 基本控制电路（连续控制）

三相异步电动机基本控制电路如图实验图7-2所示。

工作过程：先接通三相电源开关QS。

启动过程：按下SB2→KM线圈得电→KM主触点闭合，同时与SB2并联的KM常开辅助触点闭合→ 电动机M通电运转；

当松开SB2时，KM线圈仍可通过其常开辅助触点保持通电，从而使电动机连续转动。这种依靠接触器自身的辅助触点保持线圈通电的电路称为自锁电路，起到自锁作用的KM常开辅助触点叫自锁触点。

停止过程：按下SB1→KM线圈失电→KM主触点、辅助触点断开→电动机M断电停止运转。松开SB1，此时辅助触点KM已断开，控制电路不会再恢复通电。

3. 电路的保护环节

短路保护：熔断器FU1和FU2起短路保护作用。

过载保护：电动机过载时，热继电器的热元件FR温度升高，热继电器动作，使其接在控制电路中常开触点断开，切断了交流接触器励磁线圈的电路，使电动机停止转动。

失压（欠压）保护：电源电压过低或停电时 ，交流接触器励磁线圈产生的吸力不够，会自动切断电路。

四、步骤与内容

① 认识元件：开关、熔断器、交流接触器、热继电器、按钮。

② 练习电路电气原理图的识图、读图。

③ 连接控制电路

● 接通点动控制电路。按照原理中所讲内容进行操作。

● 接通常动控制电路。按照原理中所讲内容进行操作。

④ 断电拆线，整理原件。

五、思考题

① 如果在基本控制电路中出现了能启动，有自锁，不能停止，请分析产生的原因。

② 如果在基本控制电路中出现了点动，不能连续运转，请分析产生的原因。

附录 2　部分习题答案

1. 直流电路

1-1　图（a）是电源　图（b）是电源　图（c）是电源。

1-2　A 是电源，B 是负载，C 是负载。

1-3　17.5Ω，35V。

1-4　9A，14 A。

1-5　1.5A，0.5A，1A。

1-8　$\frac{5}{3}$ V。

1-11　（a）$E=96V$，$R=0$；（b）$E=16V$，$R=2\Omega$；（c）$E=20V$，$R=2.5\Omega$。

1-13　$R_L=10k\Omega$。

1-14　$I=-0.52$ A。

2. 单相交流电路

2-1　$u_A=310\sin 314t$V，$u_B=310\sin(314t+120°)$ V，$u_C=310\sin(314t-90°)$ V。

2-2　$i_A=300\sin(314t+30°)$ mA，$i_B=200\sin(628t+60°)$ mA。

2-3　角频率 1256×10^3 rad/s，频率 200kHz，周期 5μs，最大值 85A，有效值 60A，初相角 60°。

2-4　有效值 $U_A=7.07$V，初相 $\varphi_A=60°$，有效值 $U_B=10$V，初相 $\varphi_B=-30°$，相位差为 90°。

2-5　$\dot{U}_1=100\underline{/-30°}$V，$\dot{U}_2=220\underline{/45°}$V，$\dot{U}_3=110\underline{/60°}$V。

2-6　$u_1=100\sqrt{2}\sin(\omega t-120°)$ V，$u_2=100\sqrt{2}\sin(\omega t+120°)$ V，$u_3=50\sqrt{2}\sin(\omega t+45°)$ V。

2-7　$i=0.64\sin(314t+30°)$ A，$P\approx100$W。

2-8　① 图（a）：$u_1=311\sin 314t$V，$u_2=180\sin 314t$V。

图（b）：$u_1=311\sin 314t$V，$u_2=180\sin(314t\pm\pi)$ V。

图（c）：$u_1=311\sin 314t$V，$u_2=180\sin\left(314t+\frac{\pi}{2}\right)$V。

图（d）：$u_1=311\sin 314t$V，$u_2=180\sin\left(314t-\frac{2\pi}{3}\right)$V。

②图（a）：u_1 与 u_2 同相位，u_1 与 u_2 的相位差为零。

图（b）：u_1 与 u_2 反向，u_1 与 u_2 的相位差为 180°。

图（c）：u_1 滞后 u_2，u_1 与 u_2 的相位差为 90°。

图（d）：u_1 导前 u_2，u_1 与 u_2 的相位差为 120°。

③

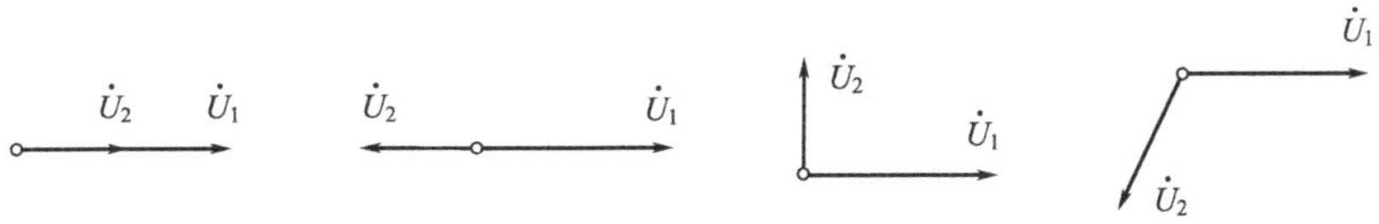

图（a）　图（b）　图（c）　图（d）

④ $U_1=220$V，$U_2=127$V。

2-9　①电阻元件；②电容元件；③电感元件。

2-10　图（a）14.14V，图（b）20V，图（c）20V，图（d）10V。

2-11　图（a）10A，图（b）10A，图（c）7A，图（d）0。

2-12 $u=u_R+u_L+u_C$ (√)； $U_m=U_{Rm}+U_{Lm}+U_{Cm}$ (×)；

$U=U_R+U_L+U_C$ (×)； $\dot{U}=RI$ (×)；

$\dot{U}_L=\mathrm{j}\omega L\dot{I}$ (√)； $\dot{U}_C=-\mathrm{j}\omega C\dot{I}$ (×)；

$\dot{U}=\left[R+\mathrm{j}\left(\omega L-\frac{1}{\omega C}\right)\right]\dot{I}$ (√)； $\dot{U}_L=\sqrt{R^2\ (X_L-X_C)^2}\dot{I}$ (×)；

$i=\frac{u}{R+L+C}$ (×)； $i=\frac{u}{R+X_L+X_C}$ (×)；

$i=\frac{u}{\sqrt{R^2+(X_L-X_C)^2}}$ (×)； $i=\frac{u_R}{R}$ (√)；

$i=\frac{u_L}{\omega_L}$ (×)； $i=\frac{u_C}{X_C}$ (×)；

$i=\frac{U_R}{R}$ (√)； $I=\frac{U_L}{L}$ (×)；

$I=wCU_C$ (×)； $I=\frac{U}{\sqrt{R^2+(X_L-X_C)^2}}$ (√)。

2-13 $R=3\Omega$，$L=12.7\text{mH}$。

2-14 $I=0.06\text{A}$，$\varphi=86.3°$，电路是感性的。

2-15

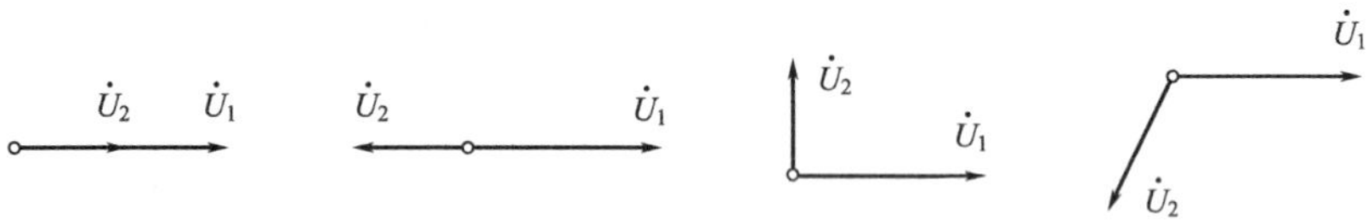

图 (a) 图 (b) 图 (c) 图 (d)

2-16 电路中电流 $I=0.249\text{A}$，镇流器电压 $U_1=151.1\text{V}$，灯管电压 $U_2=132\text{V}$，电路功率因数 $\cos\varphi=0.6$。

2-17 电路发生了串联谐振，$\dot{I}=110\angle 0°\text{A}$。

2-18 $I=5\text{A}$。

2-19 $U=90\text{V}$。

2-20 $U_0=5\text{V}$，$R=9366.8\Omega$。

2-21 $\phi=17.8°$，$U_0=9.5\text{V}$ 频率增大，ϕ 增大。

2-22 $\cos\varphi=0.545$，$R=6\Omega$，$X=9.22\Omega$。

2-23 $C=7.9\mu\text{F}$。

2-24 $U=40\text{V}$。

2-25 $R=10\Omega$，$Q=8$。

3. 三相交流电路

3-1 相电压为 380V，线电压为 660V；线电压 380V，相电压为 220V。

3-2 相电压：$U_{UN}=220\sqrt{2}\sin(100\pi t+130°)$ V，$U_{WN}=220\sqrt{2}\sin(100\pi t-110°)$ V。

线电压：$U_{UN}=220\sqrt{6}\sin(100\pi t+160°)$ V，$U_{VW}=220\sqrt{6}\sin(100\pi t+40°)$ V，$U_{WU}=220\sqrt{6}\sin(100\pi t-80°)$ V。

3-3 不一定。

3-5 V 相绕组的首末端接反了，相量图如图所示。

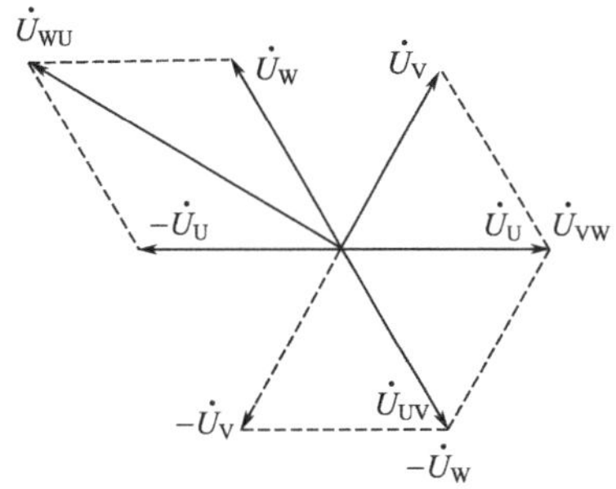

3-6　有中性线，开关 S 闭合、断开对 L_2、L_3 两相的白炽灯亮度没有影响。若取消中性线，开关 S 闭合，对 L_2、L_3 两相的白炽灯亮度没有影响；S 开关断开，L_2、L_3 两相的白炽灯会变暗；通过各相灯的电流是 $I=0.157A$。

3-7　三相负载星形连接时：$I_P=I_L=31A$，$P=14427W$，$Q=14427var$。

三相负载三角形连接时：$I_P=53.7A$，$I_L=93A$，$P=43282W$，$Q=43282var$。

3-8　①当电炉接成三角形时：$I_P=38A$，$I_L=66A$，$P=43388W$。

② 断开一相后，相电流为 0、38A 、38A，线电流为 38A 、38A、66A，$P=28880W$。

③ 相电流等于线电流为 22A，总有功功率 $P=14462W$。

3-9　线电流 12.6A，相电流 7.28A。

4. 暂态过程分析

4-1　$U_C(0_+)=4V$，$i_1(0_+)=0A$，$i_2(0_+)=i_c(0_+)=1A$。

4-2　$U_C(0_+)=3V$，$i_L(0_+)=1A$，$i_1(0_+)=0A$，$i_2(0_+)=-1A$，$U_L(0_+)=-5V$。

4-3　$i_L(0_+)=1A$，$i_2(0_+)=2A$，$i_2(0_+)=3A$，$U_L(0_+)=4V$。

4-4　$U=4.5kV$。

4-5　$i(t)=2e^{-30t}$。

4-6　$u_C(t)=\frac{40}{3}+\frac{20}{3}e^{-1.5\times10^3t}$。

4-7　$u_C(t)=6-6e^{-5\times10^4t}$。

5. 变压器

5-1　有可能将高低压绕组烧毁。

5-2　不会被烧坏。

5-3　不可以。变压器绕组会因电流过大而烧毁。

5-4　钳住一根时，读数是 10A；钳住两根时，读数是 10A；钳住三根时，读数是 0A。

5-5　额定容量是指视在功率，单位是 kV·A。有功功率的大小取决于变压器所带负载的性质。

5-6　$U_2=36V$，$I_1=2A$。

5-7　加绕 32 匝。

5-8　$I_2=1.67A$，$I_1=0.27A$。

5-9　57 匝。

5-10　$I_2=50A$，$I_1=3.33A$。

5-11　$8\times10^6 kW\cdot h$。

5-12　500 匝，137 匝。

6. 交流电动机

6-3　磁极数分别为四极、六极；额定转差率分别为 0.04、0.05。

6-5　1/3。

6-7　额定转差率分别为 0.023、0.027，额定转矩分别为 35.7N·m、143.9N·m。

6-8　$T_N=120.2N\cdot m$，$T_m=264N\cdot m$，$T_{st}=240.4\ N\cdot m$。

6-9 线电流 102.5A，相电流 59.2A，输入功率 59.4kW，启动电流717.9A，启动转矩674.3N·m；降压后启动电流 239.3 A，启动转矩 224.8N·m，降压后不能带负载直接起动。

6-10 电源分别接通点 1、2 时，单相电容分相式异步电动机转动方向相反。

6-11 电源分别接通点 1、2、3、4、5 时，电风扇速度逐渐加快。

7. 继电接触式控制线路

7-1 热继电器过载保护；熔断器短路保护。不能只用其中一种。

7-3 时间继电器线圈带电后，即时触点马上向相反状态动作，延时触点经过一定时间延迟后才会向相反状态动作。

7-6

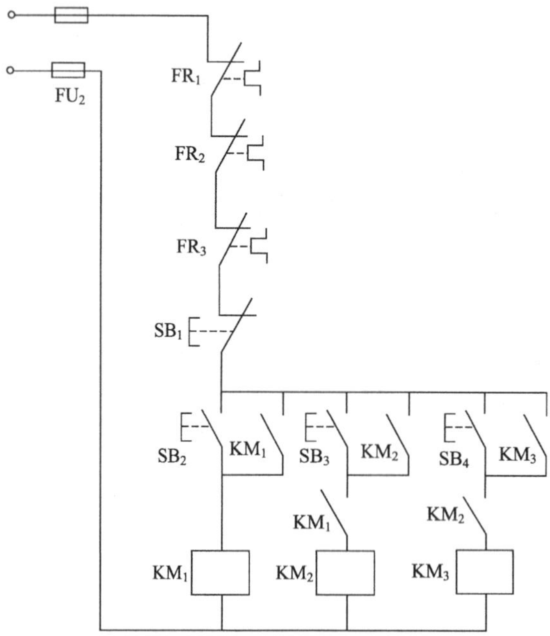

7-7

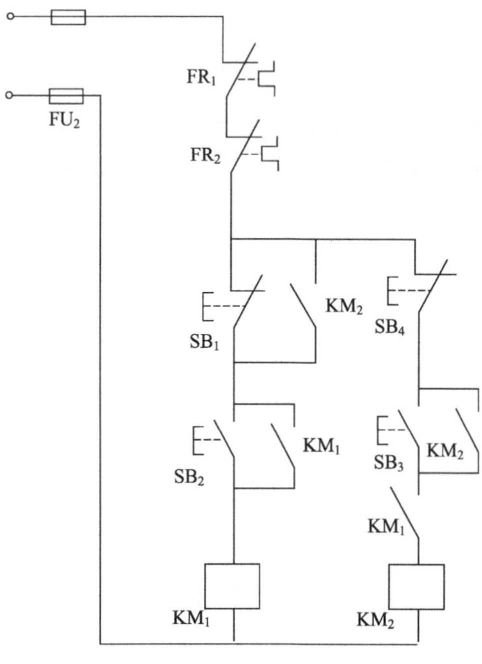

7-8

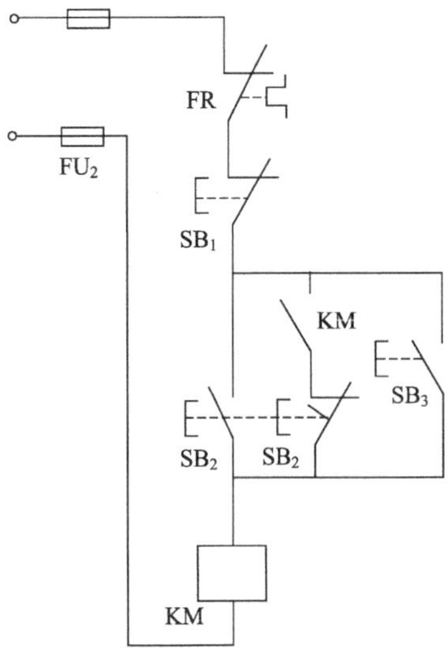
FR
FU2
SB1
KM
SB3
SB2
SB2
KM

7-9

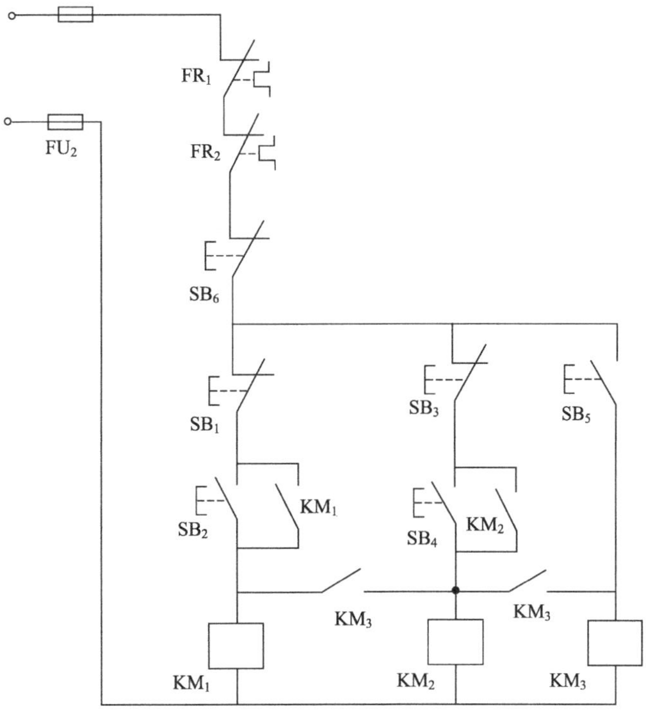
FR1
FU2
FR2
SB6
SB1
SB3
SB5
SB2
KM1
SB4
KM2
KM3
KM3
KM1
KM2
KM3

参 考 文 献

[1] 林平勇，高嵩. 电工电子技术. 北京：高等教育出版社，2001.

[2] 席时达. 电工技术. 第二版. 北京：高等教育出版社，2003.

[3] 屈义襄. 电工技术基础. 第二版. 北京：化学工业出版社，1999.

[4] 吕砚山. 电工技术基础. 第三版. 北京：化学工业出版社，1998.

[5] 罗挺前. 电工与电子技术. 北京：高等教育出版社，2008.

[6] 徐国和. 电工学与工业电子学. 第五版. 北京：高等教育出版社，1998.